PETITE BIBLIOTHÈQUE

DU

JARDINIER AMATEUR

PAR

MOLÉRI

III

MULTIPLICATION DES PLANTES

PARIS

COLLIGNON, LIBRAIRE-ÉDITEUR

RUE SERPENTE, 31

COLLIGNON, LIBRAIRE-ÉDITEUR

RUE SERPENTE, 31

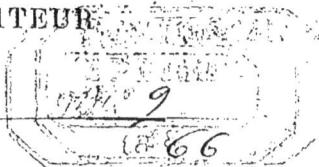

PETITE BIBLIOTHÈQUE

DU

JARDINIER AMATEUR

PAR

MOLÉRI

Honorée de la Souscription du Ministère de l'Agriculture.

Après la publication de tant d'ouvrages consacrés à l'horticulture, on se demandera tout naturellement quel a été le but de M. Moléri en offrant au public une *Bibliothèque du Jardinier amateur*.

M. Moléri vient-il accroître la somme des connaissances acquises?

Vient-il combler quelque lacune regrettable?

Nous répondons *non* à la première question, *oui* à la seconde.

On a écrit, il est vrai, un grand nombre de livres sur le jardinage; mais, en général, ils sont d'un prix élevé et n'ont guère été faits qu'en vue des grands horticulteurs. Cependant les amateurs, qui n'ont à leur disposition qu'un terrain de dimensions étroites, forment la classe non-seulement la plus nombreuse, mais encore la plus intéressante, car, n'ayant point de jardinier à leur service, ou exploités par ces jardiniers d'un savoir douteux, qui *font ou entreprennent au mois ou à l'année toute espèce de jardins bourgeois*, ils ont, plus que personne, besoin qu'on les éclaire, qu'on les instruise, qu'on leur enseigne les moyens de tirer parti, au profit de leurs jouissances, des ressources dont ils disposent, si petites qu'elles soient.

Telles sont les réflexions, déjà émises du reste dans la préface de son *Petit Dictionnaire Manuel du Jardinier amateur* [1], qui ont amené M. Moléri à publier, sous le titre général de *Petite Bibliothèque du Jardinier amateur*, une série d'ouvrages comprenant tout ce qui peut instruire et guider l'amateur curieux de cultiver lui-même son jardin.

La Bibliothèque du Jardinier amateur se composera de vingt petits volumes, d'un prix modique, où seront traitées les matières suivantes :

1. Notions élémentaires de botanique.
2. Classification des plantes.
3. Multiplication des plantes.
4. Éducation des plantes.
5. Conservation des plantes.
6. Maladie des plantes. — Animaux nuisibles.
7. Les petits jardins.
8. Taille des arbres.
9. Arbres fruitiers.
10. Arbres et arbustes d'ornement.
11. Plantes potagères.

---

[1] 1 vol. in-18, chez Collignon, libraire-éditeur, rue Serpente, n° 31, à Paris. — Prix : 2 fr. 50 c.

MODE DE PUBLICATION :

Chaque volume contiendra trois ou quatre gravures dans le texte. Il sera publié régulièrement un volume par mois. Le premier paraîtra le 20 janvier prochain.

Prix de chaque volume : **75** centimes, et *franco* par la poste **85** centimes.

Les volumes se vendent séparément.

MODE DE SOUSCRIPTION :

Les personnes qui désirent souscrire à l'avance sont priées d'envoyer à l'adresse de M. COLLIGNON, éditeur, rue Serpente, nº 31, à Paris, un mandat sur la poste de **7** fr. **50** pour dix volumes, ou **15** fr. pour vingt volumes ; elles recevront le jour même de la mise en vente, à Paris, chaque volume *franco* par la poste.

EN PRÉPARATION :

CALENDRIER PRATIQUE

DU JARDINIER AMATEUR

PAR MOLÉRI

Un volume in-18 jésus.

OUVRAGES DU MÊME AUTEUR

PETIT

DICTIONNAIRE MANUEL

DU

JARDINIER AMATEUR

PAR

MOLÉRI

Un beau volume in-18 jésus satiné
PRIX : **2** FR. **50** C.

L'AMOUR ET LA MUSIQUE

Un joli volume in-18 jésus, illustré de jolies gravures sur bois, dessinées
par Geoffroy. — PRIX : **3** fr. **50** c.

LA TRAITE DES BLANCHES

Un fort volume in-18. — PRIX : **2** fr. **50** c.

PETITS DRAMES BOURGEOIS

ÉTUDES DE MŒURS

Un fort volume in-18. — PRIX : **3** fr. **50** c.

SAINT-DENIS. — TYPOGRAPHIE DE A. MOULIN.

PETITE BIBLIOTHÈQUE

DU

JARDINIER AMATEUR

PAR

MOLÉRI

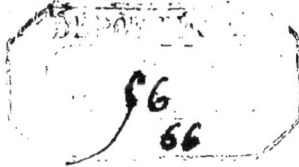

III

MULTIPLICATION DES PLANTES.

I. Multiplication des plantes par leurs parties souterraines.
Par les racines. — Par les tubercules.
Par œilletons, drageons, rejetons. — Par coulants. — Par caïeux.

II. Multiplication des plantes par leurs parties aériennes.
Se.nis : A la volée. — En ligne. — En pochet. — En pot ou en terrine. — Sur couche.
Couchage, Marcottage : simple. — Avec torsion. — Avec strangulation.
Avec incision. — Aérien. — Marcottage chinois.
Bouturage : simple en pleine terre et à l'air libre. — En plançon. — Avec crossette.
Avec bourrelet. — Par les racines. — Par les feuilles. — En pots, sous châssis ou sous cloches.
Greffe : — Par approche. — Par scions ou par rameaux. — Par gemma, œil ou boutons.

**Listes des principaux arbres, arbrisseaux, arbustes d'ornement
et des principaux arbres et arbrisseaux fruitiers classés suivant leur mode
de culture et de multiplication.**

PARIS

COLLIGNON, LIBRAIRE-ÉDITEUR

RUE SERPENTE, 31

Saint-Denis. — Typographie de A. Moulin.

MULTIPLICATION

DES PLANTES

I.—**Multiplication des plantes par leurs parties souterraines.**—Par les racines. — Par les tubercules. —Par œilletons, drageons, rejetons. — Par coulants. — Par caïeux.

II. — **Multiplication des plantes par leurs parties aériennes.**—*Semis :* A la volée. — En ligne. — En pochet. — En pot ou en terrine. — Sur couche. — *Couchage, Marcottage :* Simple. — Avec torsion. — Avec strangulation. — Avec incision. — Aérien. — Marcottage chinois. — *Bouturage :* simple en pleine terre et à l'air libre. — En plançon. — Avec crossette. — Avec bourrelet. — Par les racines. — Par les feuilles. — En pots, sous châssis ou sous cloches. — *Greffe :* Par approche. — Par scions ou par rameaux. — Par gemma, œil ou boutons.

Listes des principaux arbres, arbrisseaux, arbustes d'ornement et des principaux arbres et arbrisseaux fruitiers classés suivant leur mode de culture et de multiplication.

On multiplie les plantes :

1° par leurs parties souterraines : *racines, tubercules, œilletons, coulants, caïeux ;*

2° par leurs parties aériennes : *graines, bulbilles, tiges, branches, feuilles.*

CHAPITRE I

MULTIPLICATION DES PLANTES PAR LEURS PARTIES SOUTERRAINES.

§ 1. — Par les racines.

Multiplier par la *division des racines* est une expression consacrée, quoique, scientifiquement, elle soit loin d'être exacte. Ces touffes épaisses que produisent les plantes à racines vivaces et dont la division a pour but la multiplication du sujet, ne sont point, à vrai dire, des racines, mais un assemblage de gemmes, boutons ou turions, auquel tiennent les racines, et qu'on nomme *rhizome*.

La division du rhizome se fait par déchirement avec la main ; si elle ne peut être opérée sans le secours d'un instrument tranchant, on se sert de la bêche ou de la serpe.

Chaque éclat est ensuite replanté et traité de la même façon que la plante qui l'a fourni.

§ 2. — Par les tubercules.

On confond sous le nom de *tubercules* des organes très-différents : ainsi les tubercules de dahlia sont des renflements charnus de la racine, qui ne sauraient, sans le secours du collet, servir à la multiplication de la plante, tandis que les tubercules de la pomme de terre sont des renflements de tiges souterraines, munies d'yeux, au moyen desquels la plante peut être reproduite sans le secours d'aucun autre organe.

Pour multiplier une plante par les tubercules qu'elle produit, il faut donc, si ces tubercules sont des renflements de la racine, les diviser avant de les planter, de manière à laisser à chacun d'eux ou à chaque touffe une portion du collet, et, s'ils sont des renflements de tiges souterraines, les diviser en autant de morceaux qu'ils ont d'yeux.

§ 3 — Par œilletons, drageons, rejetons.

Les *œilletons* sont des bourgeons qui poussent sur la souche de certaines plantes.

Les *drageons* ou *rejetons* sont de jeunes tiges qui, après un trajet souterrain, sortent du sol, plus ou moins nombreuses et à une distance plus ou moins grande de la tige principale.

L'*œilletonnage* se fait au printemps; il consiste à détacher les œilletons de la souche pour en obtenir de nouvelles plantes en les mettant en terre et en leur donnant les soins convenables. Pour *œilletonner* l'artichaut, on se sert d'un petit bâton effilé qu'on introduit entre l'œilleton et la souche.

On multiplie par leurs rejetons un grand nombre d'arbustes d'ornement : les viornes, les spirées, les symphorines, les jasmins, les lilas, etc.

L'opération se fait à l'automne ou au printemps: on dégarnit le drageon, on s'assure qu'il est suffisamment pourvu de racines indépendantes, on le coupe au-dessous de ces racines, et on le plante aussitôt que possible.

§ 4. — Par coulants.

Les *coulants*, *traces* ou *filets* sont des jets rampant sur le sol, terminés le plus souvent par une rosette de feuilles qui s'enracine. Chaque rosette de feuilles enracinées est une véritable plante reproduisant l'espèce et la variété de la plante-mère ; il suffit donc, pour multiplier celle-ci, de détacher du coulant le bourgeon enraciné et de le planter à demeure.

§ 5. — Par caïeux.

Les *caïeux* sont de petits oignons qui prennent naissance à la base du gros.

C'est avec les caïeux que l'on multiplie, pour les conserver, les belles variétés de tulipes, de jacinthes, de narcisses, etc.

Détacher les caïeux de l'oignon qui les a produits et les planter dans une terre convenable, voilà tout le procédé ; mais, pour détacher les caïeux, il faut attendre qu'ils soient murs, ce que l'on reconnaît à la dessiccation complète des feuilles de la plante.

CHAPITRE II.

MULTIPLICATION DES PLANTES PAR LEURS PARTIES AÉRIENNES.

SECTION I. — SEMIS.

Au premier rang des procédés adoptés pour la multiplication des plantes, nous devons sans contredit placer celui que nous a enseigné la nature : le *semis*.

C'est de tous le plus sûr et le plus facile ; c'est par lui qu'on obtient les sujets les plus vigoureux ; et, de plus, il a l'inappréciable avantage d'accroître continuellement·la somme de nos richeses par la production de variétés nouvelles et par la transformation de fleurs simples en fleurs doubles. Toutes les belles fleurs que nous possédons n'ont été obtenues qu'à force de semis : « Ne nous lassons point de semer, a dit Parmentier quelque part, c'est le moyen d'opérer les plus belles métamorphoses. »

RÉCOLTE DES GRAINES. — Elle doit se faire par un temps sec, au milieu du jour, lorsqu'elles sont parvenues à maturité, ce qu'on reconnaît à leur couleur qui a cessé d'être verte, et à la dessiccation de leur enveloppe. Le choix des sujets sur lesquels se fait la récolte n'est pas une chose. indifférente : la meilleure semence vient des plantes les plus vigoureuses et les plus saines. Dans les espèces dont les fleurs doubles ou semi-doubles portent de la graine, celle-ci doit être préférée à la graine produite par les fleurs simples.

On expose au soleil les graines récoltées ; on les nettoie lorsqu'elles sont bien séchées ; on les enferme dans des poches ou sacs auxquels on attache des étiquettes indiquant l'espèce ou la variété, ainsi que l'année où la récolte a été faite.

CONSERVATION DES GRAINES. — Les graines qu'on ne sème pas immédiatement doivent être tenues à l'abri du contact de l'air, dans un lieu sec où il n'y ait à craindre ni la gelée ni une chaleur trop élevée. On dégage de leur enveloppe celles qui sont entourées d'une substance molle ou charnue; on y laisse au contraire celles qui sont enfermées dans des capsules : l'expérience a démontré que leur conservation y est plus assurée.

Il y a des graines qui se conservent bonnes plusieurs années et même des siècles, comme le Nélumbo; d'autres sont, au bout de quelques jours, hors d'état d'être employées : telles sont, parmi ces dernières, les graines des lauriers, des myrtes, des ixores, du caféier.

M. F. Boncenne, dans son cours élémentaire d'horticulture, a donné un petit tableau indicatif de la durée germinative des plantes potagères le plus généralement cultivées ; nous le reproduisons ici :

Asperge, 2 ans.	Mâche, 3 ans.
Aubergine, 2 ou 3 ans.	Navet, 2 ans.
Betterave, 2 ans.	Oignon, 4 ans.
Carotte, 2 ou 3 ans.	Oseille, 2 à 4 ans.
Céleri, 3 ou 4 ans.	Panais, 2 ans.
Cerfeuil, 2 ans.	Persil, 4 ou 5 ans.
Chicorée 4 ou 5 ans.	Poireau, 2 ans.
Chou, 3 ou 4 ans.	Poirée, 8 à 10 ans.
Citrouille, 7 ou 8 ans.	Pois verts, 2 ans.
Concombre, 7 ou 8 ans.	Pourpier, 4 ou 5 ans.
Epinards, 2 ou 3 ans.	Raves, 2 ou 3 ans.
Fève de marais, 2 ans.	Radis, 2 ou 3 ans.
Haricots, 2 ans.	Salsifis, 1 an.
Laitue, 2 ou 3 ans.	Scorsonère, 2 ans.
Melon, 7 ou 8 ans.	Tomates, 3 ans.

CHOIX DES GRAINES. — Si la graine employée était trop vieille, ou si elle n'était pas parvenue à maturité, le semis ne saurait réussir. Il importe donc, si l'on n'a pas soi-même récolté sa graine, de savoir reconnaître si celle qu'on achète est mûre, ou si elle possède encore sa faculté germinative.

Les graines d'une bonne couleur, pleines, entières, sans rides, nettes, pesantes, sont celles qui réunissent les principales conditions du succès.

Bien qu'il soit généralement préférable d'employer des graines nouvelles, cependant il est certaines espèces de plantes potagères sujettes à *s'emporter* par excès de végétation, et à monter trop vite en graine, pour lesquelles il vaut mieux semer

des graines de deux, trois et quatre ans : les choux-
fleurs, les choux pommés, les laitues, les chicorées
sont dans ce cas.

ÉPOQUE OU IL CONVIENT DE SEMER. — Ce serait,
sans contredit, celle où la graine est parvenue à
maturité; si l'on n'avait pas à craindre les rigueurs
de l'hiver. Cependant on fera bien de semer à l'automne les graines de plantes annuelles, sauf à recommencer au printemps si le semis n'a point
réussi. Il s'agit d'une dépense insignifiante lorsqu'elle concerne un petit jardin ; et, si l'hiver est
clément, on y gagne d'avoir des plants plus beaux
et plus capables de résister aux grandes chaleurs
qui leur sont souvent aussi funestes que le froid.

Pour un certain nombre de plantes vivaces de la
famille des ombellifères, pour les fraxinelles, pour
les rosiers, on sèmera les graines aussitôt qu'elles
seront mûres. Si on attendait jusqu'au printemps,
le semis réussirait rarement ; car, la levée du plant
se trouvant retardée, la graine serait le plus souvent
dévorée par les insectes.

PRÉPARATION DE LA TERRE. — La terre destinée à
recevoir le semis sera profondément labourée, bien
ameublie, bien amendée. On la nivellera soigneusement; sans cette précaution, l'eau des arrosements, au lieu de pénétrer également le sol sur
toute sa surface, irait s'amasser dans les dépressions
et au bas des pentes, où elle occasionnerait bientôt, en y séjournant, la pourriture des semences.

Les plantes qui doivent être repiquées ou replan-
tées seront semées dans une terre fertile, douce,
très-meuble, un peu humide, afin de faciliter le
développement du chevelu, ce qui contribuera puis-
samment à la reprise.

Si l'on veut empêcher la terre de se *battre* et de

1.

se *plomber* ou fouler, si l'on veut en même temps que les jeunes plantes se trouvent protégées contre les rayons d'un soleil trop ardent, on aura soin d'étendre sur le semis une couche mince de terreau ou de paillis.

PRÉPARATION DES GRAINES. — STRATIFICATION. — Si les graines sont très-fines, si elles sont velues ou à aigrettes, on aura soin, avant de les semer, de les mêler avec de la terre sèche tamisée, avec du sable fin ou avec de la cendre. Le semis, d'ailleurs, n'en sera que plus régulier.

Il y a des graines dont la germination est lente et difficile, comme celles des tilleuls, des cratœgus, des cotonéaster, et d'autres qui perdent promptement leurs propriétés germinatives; on a dû chercher des moyens de conserver aux unes ces propriétés et d'en favoriser le développement chez les autres. Un procédé a été trouvé, qui remplit ce double but : c'est la *stratification*.

Stratifier signifie arranger des substances par couches dans un vaisseau.

Voici, en effet, en quoi consiste l'opération qui est, dans le fond, une sorte de semis provisoire :

On choisit un endroit du sol où la terre soit légère et sableuse et plutôt sèche qu'humide; on creuse et l'on retire la terre; on étend au fond un lit de graines, qu'on recouvre d'un lit de terre de 0 m. 03 à 0 m. 06 c., sur lequel on répand d'autres graines qu'on recouvre encore, et ainsi de suite jusqu'à ce qu'on soit arrivé au niveau du sol.

Cette opération, conduite absolument de la même manière, peut aussi se faire dans des vases qu'on enterre au pied d'un mur au midi, ou qu'on place sur des tablettes, dans un sous-sol un peu sombre, légèrement humide, et où la gelée ne soit pas à craindre.

Suivant la nature des graines, on devra mêler du sable avec la terre, ou même employer du sable pur.

Les autres soins à prendre se bornent à entretenir, à partir de février, une légère humidité dans la terre, si la germination n'a pas commencé. Le mois suivant, c'est-à-dire en mars, les graines seront retirées et mises en place.

Modes de semis. — Les semis se font : 1° à la *volée;* 2° en *ligne, rigole* ou *rayon;* 3° en *pochet* ou *potelet;* 4° en *pot* ou *terrine;* 5° sur *couche.*

§ 1. — Semis à la volée.

Semer à la *volée,* c'est tout simplement prendre dans la main une poignée de graines et les jeter sur le sol, de manière qu'elles s'y trouvent répandues aussi également que possible sur la partie à ensemencer. On enterre ensuite la graine avec la fourche ou le râteau.

Souvent, pour donner au sol plus de consistance, et y faire mieux adhérer la semence, on le foule, soit avec les pieds, soit avec un rouleau; quelquefois c'est avant de semer qu'on fait cette opération; elle a pour but, dans ce cas, d'empêcher la graine de plonger.

Les graines doivent être d'autant plus enterrées qu'elles sont plus volumineuses : ce principe s'applique à tous les modes de semis; il faut toutefois tenir compte du climat et de la nature du sol. Sous un climat humide et dans une terre forte, les graines devront être enterrées moins profondément que dans une terre légère et sous un climat sec.

§ 2. — Semis en ligne.

Une planche étant préparée pour recevoir le semis, on y ouvre avec une binette ou un bâton, et en se dirigeant au moyen du cordeau, un nombre plus ou moins grand de *sillons*, *rigoles* ou *rayons*, au fond desquels on dépose les graines. En conséquence du principe établi dans le § précédent, les rayons seront superficiels si la graine est fine, et d'autant plus profonds qu'elle aura plus de grosseur. Après avoir mis la graine en place, on la couvrira en rabattant la terre que la binette a relevée sur les bords de chaque rayon ; on passera ensuite le râteau légèrement sur toute la planche. Une terre spéciale est quelquefois indiquée pour la plante qu'on sème ; il faut alors couvrir d'un lit de cette terre le fond du rayon, y répandre la graine, et, sur celle-ci, étendre un second lit de la même terre.

§ 3. — Semis en pochet.

On appelle *pochets* ou *potelets* de petites cavités que l'on creuse dans la terre, le plus ordinairement avec une binette, soit dans une même planche, en ligne droite, en échiquier, en quinconce, soit de côté et d'autre, s'il s'agit de semer en place certaines plantes d'ornement qui ne peuvent être repiquées ou transplantées, telles que le *coquelicot*, le *convolvulus tricolor*, etc.

Les pochets étant creusés, on opère de la même façon que pour le semis en ligne.

§ 4. — Semis en pot ou en terrine.

Certains plants demandent à être rentrés l'hiver ; d'autres sont destinés à occuper, selon l'effet qu'on veut produire, telle ou telle place dans le parterre, et ne peuvent supporter la transplantation ; d'autres encore ont besoin d'être surveillés ou changés d'exposition : c'est le cas de semer en *pot* ou en *terrine*.

On commence par poser sur le petit orifice qui est au fond du pot un tesson ou fragment de poterie, de manière à ne pas empêcher l'écoulement de l'eau des arrosements, sans quoi les racines, tenues dans une humidité stagnante, ne tarderaient pas à être atteintes de pourriture. On introduit ensuite dans le vase, une terre préparée selon la nature de la plante à semer, et on la foule légèrement. Lorsque la terre a atteint, dans le vase, la hauteur à laquelle on juge que le semis aura la profondeur convenable, on place la graine et on la recouvre de terre qu'on foule encore doucement, jusqu'à ce qu'il reste entre la surface de cette terre et le bord supérieur du vase un espace suffisant pour faciliter les arrosements. Le semis fait, on place les pots, soit dans la serre, soit sur couche et sous châssis, soit simplement sous châssis dans un coffre, soit enfin en plein air, suivant les indications fournies par la nature et l'origine de la plante semée.

La *terrine* à semis est un vase de terre beaucoup moins profond que large, dont le fond est tantôt plein, tantôt percé d'un grand nombre de trous. Les terrines à fond plein ont pour but de retenir l'eau des arrosements ; elles servent à la culture des plantes aquatiques. Lorsqu'on sème en terrine à fond percé, il faut, avant d'y mettre la terre, étendre sur les trous un lit de gros sable dont la destination est la même que celle du tesson dans le semis en pot.

A. Thouin, en traitant du semis en pot (*Dictionnaire des sciences naturelles*), s'exprime ainsi :

« Un jardinier soigneux et prévoyant n'attend pas le moment des semis pour faire toutes les dispositions préliminaires qui doivent assurer la réussite de son opération. Elles consistent ;

« 1° A éplucher les graines, les disposer en un ordre méthodique, en faire le catalogue, etc.

» 2° A préparer les diverses terres dont il prévoit avoir besoin pour effectuer les semis. Il faut qu'il se précautionne de cet objet essentiel, longtemps (plusieurs années même) auparavant, parce que les terres composées sont d'autant meilleures qu'elles sont préparées plus anciennement ;

» 3° A rassembler le nombre, la qualité et la grandeur des pots nécessaires ;

» 4° A construire des couches sourdes, des couches chaudes, préparer des châssis, etc.

» Toutes choses ainsi disposées, et le moment favorable pour semer étant venu, on doit y procéder sans interruption. Le semeur se place dans un lieu renfermé, à l'abri du vent et de la pluie. Il a autour de lui les pots qui doivent recevoir ses semis ; sur une table placée à hauteur d'appui, se trouvent amoncelées les diverses sortes de terre qu'il doit employer à recouvrir les semences, après les avoir répandues sur la surface de la terre dont sont remplis les pots. A côté de lui est le tiroir où sont rangés les sachets de graines qu'il doit semer. Il répand ces graines à la pincée, le plus également possible ; il les recouvre avec la terre qui leur convient, et de l'épaisseur qui est nécessaire à leur prompte germination. Il la bat ensuite légèrement avec le dos de la main, et l'opération est finie.

» Ces vases, nouvellement semés, doivent être placés bien horizontalement les uns à côté des autres, et arrosés ou plutôt bassinés avec un arrosoir à pomme à trous très-fins. On passe rapidement l'arrosoir sur les pots, de manière à produire une pluie très-fine qui imbibe la terre sans la battre ou la faire couler hors du pot, et on répète cette opération trois ou quatre fois dans la journée des cinq ou six premiers jours qu'ont été faits les semis. »

§ 3. — Semis sur couche.

Les semis sur couche se font comme les semis en pleine terre ; ils ont pour but de hâter la germination ; c'est également pour obtenir ce résultat qu'on recouvre de cloches certains semis faits en terrine.

Section II. — Couchage, Marcottage.

Le *couchage* est une opération par laquelle on provoque la production des racines sur une ou plusieurs branches d'une plante, en les enterrant sans les détacher de la tige.

« Pour bien comprendre la théorie des couchages, il faut vous rappeler que la marche de la séve, toutes choses égales d'ailleurs, s'effectue beaucoup plus facilement dans les parties verticales que dans celles qui sont horizontales, dans les parties droites que dans les parties courbes, surtout lorsque cette courbure est artificielle ; de sorte que, lorsqu'elle parcourt ces dernières, la séve a une tendance à s'épancher latéralement et à se faire jour à travers leurs tissus. Ce qui le prouve, c'est que, lorsque les parties sont exposées à l'air, il y a généralement sur cette courbure production de bourgeons qui sont d'autant plus vigoureux que la courbure est plus prononcée. Le même phénomène se passe dans le sol lorsqu'on y place les branches dans une position analogue ; la séve, contrariée dans sa marche au point où elle rencontre la courbe, s'accumule, principalement vers le côté convexe, où elle perce bientôt l'écorce pour s'épancher au dehors. Mais comme, en l'absence de la lumière, et à l'abri, en partie du moins, du contact de l'air, ces phénomènes de transformation sont très-différents de ceux qui se manifestent à l'air libre, cette séve, au lieu de former d'abord des yeux, puis des bourgeons, change de nature, et se transforme en racines qui, sans aucun doute, sont l'équivalent des bourgeons. Remarquez encore que les racines se développent d'autant plus facilement qu'il existe dans la partie courbée de petites plaies qui déterminent vers ces dernières un afflux et un épanchement de séve... » (*Entretiens familiers sur l'horticulture*, par E.-A. Carrière).

Le couchage est *ligneux* ou *herbacé*, selon qu'il est pratiqué sur un rameau *aoûté* ou *non-aoûté*. On entend par rameau aoûté celui qui est presque arrivé à l'état de lignification.

Le couchage *aérien* est celui qui se pratique hors du sol.

C'est généralement au printemps, avant le développement des feuilles, qu'il convient d'opérer les couchages ligneux. Quant aux couchages herbacés, ils se font au moment de la pleine végétation des plantes, c'est-à-dire en été.

Si la partie du rameau destinée à être couchée, ne peut l'être dans la terre même où se trouve placée la plante-mère, il faut recourir à l'emploi, suivant le cas, des terres composées, de la terre de bruyère, etc.

Les divers modes de couchage sont assez nombreux ; nous les diviserons en quatre groupes : 1° *couchage simple*; — 2° *couchage avec torsion*; — 3° *couchage avec strangulation*; — 4° *couchage avec incision*.

§ 1. — Couchage simple.

Nous distinguons quatre modes de *couchage* ou de *marcottage simple :* par *cépée;* en *archets;* en *serpenteaux;* et *chinois.*

Par cépée : — C'est le plus simple de tous les marcottages; mais il faut, pour l'opérer, sacrifier le sujet, ce qu'on a, du reste, quelquefois intérêt à faire, lorsqu'il s'agit de multiplier un arbre ou un arbuste de grand prix. Le moment le plus favorable pour marcotter par cépée est la fin de l'hiver, parce que la terre, à cette époque, est profondément humectée. L'opération consiste à couper, au niveau du sol, la tige de l'arbre ou de l'arbuste, et à recouvrir la souche d'une bonne terre appropriée à sa nature. Il se développe sur cette souche un nombre plus ou moins grand de bourgeons, et ceux-ci ne tardent pas à former une touffe de jets, à laquelle on donne le nom de cépée. Les soins ultérieurs se bornent à des arrosements, lorsque les grandes chaleurs les rendent nécessaires. On visite la cépée à l'automne : si les rejets ont pris suffisamment racine, c'est-à-dire s'ils ont produit un chevelu assez abondant pour suffire à leur nourriture, on les sépare de la souche, on les *sèvre.* Si le contraire avait lieu, on attendrait l'année suivante pour faire le sevrage.

Couchage en archets (fig. 1re). — On ouvre dans le sol une tranchée étroite, profonde de 0 m. 08 c. environ et d'une longueur proportionnée à celle du rameau qui doit être couché. On dépouille ensuite ce rameau de ses feuilles dans toute la partie destinée à être enterrée; on l'abaisse en le courbant peu à peu, on le couche au fond de la tranchée et on l'y

maintient avec un crochet de bois. Cela fait, on redresse l'extrémité du rameau, avec ménagement,
de peur de le casser, et on remplit la tranchée avec
une terre convenablement préparée, si celle qui se
trouve à l'endroit même du couchage ne convient

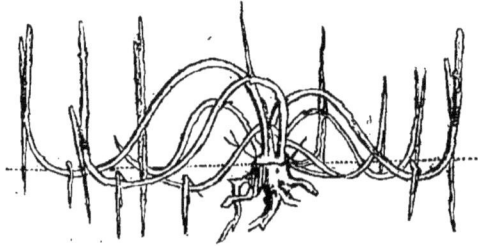

Fig. 1.

pas à la nature du sujet. Le rameau redressé est
maintenu dans une direction perpendiculaire à
l'aide d'un tuteur, à moins qu'on n'en coupe l'extrémité à 0 m. 15 c. au-dessus du sol, ce qui se fait
le plus souvent. Pour déterminer l'époque la plus
favorable à cette opération, il faut prendre en con-
sidération le terrain et le climat : il est plus avantageux de la pratiquer en automne sous un climat
chaud et dans un terrain sec; si on habite les ré-
gions du nord, si le terrain est humide, on fera bien
d'attendre au printemps. Il suffit, le plus ordinairement, d'une année pour que la marcotte soit en
état d'être sevrée.

Couchage en serpenteaux. — C'est le même que le
précédent, avec cette différence qu'au lieu de former avec le rameau couché un seul archet ou ar-
ceau, on en forme deux, trois et davantage, en le
recouchant et le redressant autant de fois que le
permet sa longueur. Ce mode, avantageux en ce

qu'on obtient avec un seul rameau plusieurs plants enracinés, est surtout applicable aux plantes volubiles, aux aristoloches, aux clématites, etc.

Couchage chinois. — Il consiste à coucher, avant la sève du printemps, dans une fosse peu profonde et d'une largeur déterminée par les dimensions du sujet, une branche avec tous ses rameaux qu'on étale horizontalement, et qu'on assujettit avec un nombre suffisant de crochets en bois. Lorsque l'arbre ou l'arbuste est entré en végétation et que les bourgeons se développent, on recouvre de quelques centimètres de terre la branche couchée, on arrose, on couvre de paillis. On peut sevrer à l'automne, c'est-à-dire détacher de la branche autant de sujets enracinés qu'il s'y était développé de bourgeons.

§ 2. — Couchage avec torsion.

Avant de coucher le rameau, on le tord à l'endroit où l'on a dessein de provoquer la production des racines. Cette torsion, en occasionnant des déchirures, permet à la sève contrariée de s'échapper, et favorise, par conséquent, la transformation de la sève en racines. Ce procédé convient aux végétaux à écorce mince et fibreuse.

§ 3. — Couchage avec strangulation.

Ce mode de couchage a pour but de créer, sur un point indiqué d'un végétal, un obstacle à la marche de la sève, et d'en déterminer l'accumulation sur ce point, de manière qu'elle y forme un bourrelet plus ou moins gros. De ce bourrelet, soustrait à l'action de l'air par le couchage, il naît des racines, et lorsque celles-ci sont en état de suffire à la nutrition du rameau couché, on procède au sevrage.

La strangulation ou ligature du rameau se fait au-dessous d'un œil, avec un fil de lin, de fer ou de laiton.

§ 4. — Couchage avec incision.

Le printemps est la saison la plus favorable à cette sorte de couchage. « Il offre deux chances également favorables à courir. La première, c'est l'ascension de la séve qui, rencontrant sur son passage, pour monter à l'extrémité de la branche marcottée, une longue plaie, la cicatrise, y forme des mamelons qui, par la suite, deviennent des racines, mais seulement dans la partie où il n'y a pas solution de continuité. La seconde chance est celle de de la séve descendante. Celle-ci, en revenant vers les racines, trouvant la portion qui a été séparée du reste de la branche et qui n'y tient que par le haut, cicatrise les bords de la plaie, y produit des mamelons ; et, se trouvant arrêtée comme dans une bourse, sa propension la détermine à y pousser des racines. » (THOUIN.)

Le couchage avec incision se fait de cinq manières :

Avec incision en fente simple ;
Avec incision à talon ;
Avec incision à talon, compliquée ;
Avec incision et amputation ;
Avec incision annulaire.

Couchage avec incision en fente simple. — On introduit dans le milieu du rameau, au-dessous d'un œil, si c'est possible, une lame pointue, très-tranchante, on y pratique une fente longitudinale, on glisse dans cette fente une petite pierre afin de tenir les parties séparées, et on opère le couchage. Si le voisinage d'un œil n'est pas indispensable, il est toutefois utile en ce que les vaisseaux forment à cet endroit un *plexus* ou réseau qui facilite le développement des racines. Cette observation s'applique également aux autres couchages avec incision.

Couchage avec incision à talon. — L'opération se pratique sur un rameau de l'avant-dernière pousse, à l'endroit où un petit gonflement indique l'extrémité de ce rameau et le commencement de celui de la dernière pousse. On fait, avec la lame d'un canif, une incision horizontale qui sépare la branche en deux jusqu'au milieu seulement de son épaisseur ; on retourne alors la lame de manière que le tranchant soit en haut, et on pratique, en remontant vers l'extrémité supérieure de la branche, une incision longitudinale de deux centimètres à deux centimètres et demi. Lorsqu'on opère le couchage, on courbe la branche à l'endroit des incisions, et on en redresse l'extrémité supérieure, de manière que le talon résultant des deux incisions prenne et conserve une direction perpendiculaire.

Le marcottage des œillets est un de ceux qui intéressent le plus les amateurs ; il se fait par le couchage avec incision à talon ; un savant horticulteur en a donné une description spéciale que nous allons reproduire, bien qu'elle ajoute peu de détails à la nôtre :

« Voici comment se fait la marcotte d'œillet. Dans l'endroit du nœud de la tige qui peut le plus commodément être enfoncé en terre, on enlève les deux feuilles avec un canif, et l'on coupe horizontalement, et sur le nœud jusqu'à la moitié du dia-

mètre de la tige. Ensuite on fend perpendiculaire-
rement la tige depuis ce nœud jusqu'au nœud
supérieur. La partie séparée par un de ses bouts
est écartée de manière à former un triangle avec la
mère tige. C'est à l'extrémité inférieure de cette
partie ayant une portion de nœud, que les racines
prendront naissance. On creuse une petite fosse de
0 m. 04 à 0 m. 05 c. de profondeur, dans la même
caisse qui contient l'œillet, ou en pleine terre, s'il
y est placé. On abaisse doucement la tige dans la
fosse, et on l'y assujettit au moyen d'un ou deux
crochets placés près du nœud qui a fourni la marcotte. Le point essentiel est d'empêcher que la
partie séparée ne se rapproche de ce nœud. Pour
cela on garnit de terre l'espace vide qui se trouve
entre elle et la mère tige, et on remplit ensuite la
petite fosse. Le bout de la marcotte qui sort de
terre doit avoir une direction perpendiculaire. On
fait ordinairement les marcottes en juillet, afin
qu'elles aient des racines de bonne heure, et qu'on
puisse les sevrer avant le froid. »

Couchage avec incision à talon, compliquée. — Ce
procédé diffère du précédent en ce que, après l'incision horizontale, on en fait deux ou trois longitu-
dinales, dans lesquelles on introduit de petites
pierres pour empêcher les parties de se rapprocher.
Ce couchage n'est usité que pour des sujets rebelles.

Couchage avec incision et amputation. — L'opération est la même que pour le couchage avec incision à talon ; seulement le talon est enlevé au
moyen d'une seconde incision horizontale, pratiquée à la hauteur où s'arrête la fente longitudinale.

Couchage avec incision annulaire. — On fait, autour de la branche à marcotter, avec un instrument

à lame fine, deux incisions circulaires, distantes
l'une de l'autre de 0 m. 3 à 0 m. 12 c., suivant
l'état de l'écorce, la grosseur et la force du sujet.
On joint ces deux premières incisions par une troisième qui va perpendiculairement de l'une à l'autre. On glisse la pointe de la lame sous une des
lèvres de la fente produite par la troisième incision,
et l'on détache sur toute la circonférence l'écorce
comprise entre les deux incisions circulaires. Ce
n'est pas seulement l'épiderme de l'écorce qu'il
faut enlever, mais encore les couches du liber, de
façon à mettre l'aubier à nu. Il est bien de choisir,
pour faire cette opération, le moment qui précède
l'époque où la séve descend; c'est entre l'aubier
et les dernières couches du liber, à l'endroit où
l'incision circulaire supérieure a été pratiquée, que
se forme alors le bourrelet le plus favorable à la
production des racines.

§ 5. — Couchages en pots ou en paniers.

Pour certaines plantes d'une reprise difficile et
qui demandent des soins particuliers au moment
du sevrage, les couchages que nous venons de dé-
crire se font, soit dans des *pots*, soit dans des
paniers qu'on enfonce dans le sol, sans autre chan-
gement aux procédés indiqués.

§ 6. — Couchages aériens (Fig. 2 et 3).

Quand les rameaux à marcotter sont trop élevés,
trop durs ou trop cassants pour être abaissés jusqu'à la terre où doit être fait le couchage, c'est
alors la terre elle-même qu'il s'agit d'élever jusqu'aux rameaux à marcotter. Cela se fait à l'aide
de vases en plomb, en ferblanc, en terre cuite ou

en verre, et même en fort papier (pour les œillets);
ces vases ont ordinairement la forme d'un cornet;
ils s'ouvrent en deux parties qu'on rapproche après
y avoir introduit la marcotte. On remplit ensuite
les vases avec une terre convenablement préparée
et qu'on recouvre d'un lit de mousse.

Fig. 2.   Fig. 3.

On emploie au même usage des paniers échancrés
qu'on remplit également de terre, après y avoir
couché la branche, en la faisant passer par les
échancrures. On suspend à la partie supérieure de
la plante, ou l'on soutient, au moyen de petits pi-
quets, les paniers ou les vases qui renferment les
marcottes. Ces marcottes réussissent d'autant mieux
qu'on a plus de soin de les entretenir dans une humidité très-modérée, mais constante. Pour obtenir
ces deux conditions, on place, à peu de distance
de la marcotte, un vase plein d'eau, avec lequel

on la met en communication au moyen d'une mèche de coton, dont une extrémité plonge dans la terre de la marcotte, et l'autre dans l'eau du vase.

§ 7. — Marcottage chinois.

M. Kasthofer a décrit un mode de marcottage employé par les Chinois, et dont on peut faire l'expérience :

« Au printemps, ils marquent sur l'arbre qu'ils veulent propager une branche saine et vigoureuse, à l'écorce de laquelle ils font une incision jusqu'au bois, large d'un pouce, et seulement aux deux tiers de la circonférence. Avec un onguent composé d'argile, de terre végétale et de bouse de vache, ils enduisent la branche, au-dessus de l'incision, d'une première couche, qu'ils recouvrent de paille, puis d'une seconde et d'une troisième, jusqu'à ce qu'elles aient dix fois l'épaisseur de la branche. On suspend immédiatement au-dessus une courge creuse ou un vase quelconque, plein d'eau, et percé d'un petit trou, par lequel doit s'écouler goutte à goutte l'eau nécessaire pour entretenir l'appareil constamment humide. A un mois de distance, on coupe le tiers restant de l'écorce de l'anneau circulaire, et, déjà en automne, un bourrelet avec des racines chevelues, formé sur l'appareil, permet de séparer la branche, à l'endroit de l'incision, pour la mettre en terre. On prétend que, dès l'année suivante, elle se met à fruit. »

SECTION III. — BOUTURAGE.

Le bouturage est fondé sur le même principe que le marcottage : il s'agit, dans l'un comme dans l'autre, de provoquer sur un point l'accumulation de la séve, et de soustraire ce point à l'action de la lumière, et le plus possible à celle de l'air, afin que la séve accumulée se transforme en racines. Mais il y a entre le marcottage et le bouturage, cette différence que, dans le premier, le rameau sur lequel on opère tient toujours plus ou moins à la plante, tandis que, dans le second, il en est complétement détaché.

Le dictionnaire de l'Académie définit ainsi la bouture : « Branche coupée à un arbre, à un arbuste, et qui, étant plantée en terre, y prend racine. » Cette définition n'est ni complète ni exacte. La bouture n'est pas nécessairement une branche, puisque, dans certains cas, elle peut être faite avec un tronçon de racine, avec un fragment de feuille. Il n'est pas suffisant qu'elle soit plantée en terre pour émettre des racines; il faut encore qu'elle ait été soumise à quelques préparations, et qu'elle soit placée dans des conditions convenables d'humidité et de chaleur. Ajoutons que le bouturage ne réussit pas pour tous les végétaux, et que certaines plantes sont demeurées jusqu'à présent rebelles à ce mode de reproduction.

L'époque la plus favorable au bouturage n'est pas la même pour tous les végétaux. Elle varie aussi en raison des climats et de la précocité de la végétation. Pour les végétaux à feuilles caduques, c'est la fin de l'hiver (février et mars) qui convient le mieux. On peut opérer à la même époque, sur un grand nombre de végétaux à feuilles persistantes; mais il vaut mieux, pour ceux qui entrent tardivement en végétation, attendre la fin de l'automne. Enfin la saison la plus favorable pour les plantes d'orangerie est le printemps (juin).

Le bouturage se fait en pleine terre et à l'air libre

pour les végétaux de pleine terre à feuilles caduques ; sur couche et sous châssis, ou en terrine et
sous cloche pour les végétaux de pleine terre à
feuilles persistantes, de même que pour les plantes
d'orangerie et de serre.

Le bouturage sous châssis ou sous cloche a pour
but d'établir autant que possible l'équilibre entre
la transpiration et la nutrition du sujet. Pour les
végétaux comme pour les animaux, la transpiration est une déperdition de forces dont la réparation nécessaire a lieu par la nutrition. C'est par les
racines que les végétaux se nourrissent; c'est par
les feuilles qu'ils transpirent. Les racines n'existant
pas au moment où la bouture est mise en terre, les
fonctions nutritives sont nulles; si le bouturage
concerne un végétal à feuilles caduques, et si l'opération se fait avant le bourgeonnement, la transpiration est également nulle ; dans ce cas, point
d'équilibre à établir. Mais qu'il s'agisse, au contraire, d'un végétal à feuilles persistantes, la partie
de ce végétal, qui forme la bouture, continue de
transpirer par ses feuilles, sans continuer de se
nourrir par des racines, puisqu'elle n'en a point ;
il y a donc là une déperdition sans réparation, dont
la mort du sujet sera le résultat plus ou moins
prompt, mais inévitable, et par conséquent il y a
nécessité, sinon de rétablir l'équilibre, dans le sens
absolu du mot, ce qui est impossible, du moins
de gagner, par une diminution sensible de la transpiration, le temps indispensable à la production des
racines. C'est ce qu'on obtient en recouvrant d'une
cloche ces sortes de boutures; l'air n'y étant point
renouvelé, la transpiration diminue de manière à
devenir presque nulle. De là le nom de bouturage
à l'étouffée.

Il y a quelques règles à suivre dans l'emploi des cloches. Lorsqu'elles sont destinées à couvrir des boutures herbacées, elles doivent être de la plus grande transparence, car, faute de lumière, les boutures ne tarderaient pas à pourrir. Il n'en est pas de même lorsque les boutures sont ligneuses; on doit, dans ce cas, se servir, pour diminuer l'intensité de la lumière, de cloches en verre foncé, ou badigeonnées à l'intérieur, qu'on aura même soin de couvrir de paillassons au moment où les rayons du soleil sont le plus ardents.

§ 1. — Bouturage simple en pleine terre et à l'air libre.

Ce mode de bouturage convient aux arbres et arbustes de pleine terre, à feuilles caduques et même à ceux des arbres et arbustes à feuilles persistantes, qui ne craignent pas la température de nos hivers rigoureux. On l'emploie pour les fusains, les sophora, les sureaux, les rosiers, les cassis, les groseilliers. L'opération est facile : on choisit, parmi les rameaux de l'année précédente, les mieux nourris et les plus vigoureux; on les coupe par tronçons dont la longueur varie suivant les espèces : elle est ordinairement de 0 m. 15 c. à 0 m. 25 c.; chaque tronçon doit être muni de 4 à 6 yeux; on a soin de le trancher nettement et immédiatement au-dessous d'un œil. Les boutures étant ainsi préparées, on les plante à l'ombre, à 0 m. 15 c. ou 0 m. 20 c. les unes des autres, dans une terre franche, légère, un peu sablonneuse. La plantation se fait avec un plantoir d'une grosseur proportionnée à celle des boutures, et de manière à laisser 2 ou 3 yeux au-dessus du sol. On rap-

proche et on comprime avec le plantoir la terre
autour de la partie enterrée, afin d'empêcher l'in-
troduction de l'air; puis on arrose et on paille.

§ 2. — Bouturage en plançon.

On prend une jeune branche de 4 à 5 mètres,
on en supprime les rameaux inférieurs, on la taille
en biseau à sa base, on l'introduit dans un trou
fait avec un pieu, on ramène et on foule la terre
autour de la partie enterrée, et l'on maintient, à
l'aide d'un tuteur, la partie laissée au-dessus du sol.
Ce mode de bouturage n'est guère appliqué qu'aux
arbres aquatiques, tels que le saule et le peuplier.

§ 3. — Bouturage avec talon.

C'est un procédé qu'il faut employer le moins
possible. Il consiste à tirer un rameau de haut en
bas, de manière qu'en éclatant il entraîne à sa base
l'empâtement, en forme de *talon*, qui l'unissait à
la branche. On comprend que cet arrachement ne
saurait avoir lieu sans porter préjudice au végétal
sur lequel on l'opère. Cependant il offre cet avantage que le talon, renfermant beaucoup de tissu
utriculaire, tient lieu de bourrelet et favorise le développement des racines.

§ 4. — Bouturage avec crossette.

On nomme *crossette* une portion de bois de deux
ans, longue de 0 m. 01 c. à 0 m. 02 c., qu'on laisse à
la base d'une branche destinée à faire une bouture.
Le bouturage avec crossette convient à certains
végétaux dont le nouveau bois produit des racines
moins promptement que celui de deux ou trois ans.

On plante les boutures dans des rigoles profondes
de 0 m. 15 c. à 0 m. 20 c., qu'on remplit de bonne
terre ou de terre de bruyère, laquelle est plus favorable encore que toute autre au prompt développement des radicules.

Ce mode de bouturage convient au chèvrefeuille,
à certaines variétés de rosiers, de groseilliers à grap-
pes et surtout à la vigne.

§ 8. — Bouturage avec bourrelet.

On n'emploie ce bouturage que pour des arbres
durs, indigènes ou étrangers, qui se refusent à la
production des racines par bouture simple. On
choisit, un an d'avance, la branche à bouturer, et,
sans la détacher de l'arbre, on la lie fortement à sa
base avec un fil de fer, ou même on y pratique une
incision annulaire. C'est au mois de juin que doit
se faire cette première opération, à la suite de laquelle se forme un bourrelet mamelonné. La branche ainsi préparée sera coupée, avant l'hiver, à
0 m. 05 c. ou 0 m. 06 c. au-dessous du bourrelet,
et placée en terre telle qu'elle est; on aura soin,
pendant l'hiver, de la préserver de la gelée. Au
printemps, on retirera la branche de terre, on l'é-
têtera de manière qu'il y reste de 4 à 6 yeux, on
supprimera tout le bois laissé au-dessous du bourrelet, et on procédera à la plantation comme pour
une bouture ordinaire.

§ 6. — Bouturage par les racines.

On coupe des tronçons de racines d'environ 0 m.
10 c., et on les enterre, le gros bout en bas, dans
une position un peu oblique. Les araucaria, ainsi
que plusieurs podocarpes, peuvent être bouturés
de cette manière.

§ 7. — Bouturage par les feuilles.

Il consiste à détacher une feuille d'un rameau et à la placer dans un pot comme toute autre bouture. Les *Gloxinia*, les *Ligeria*, le *Clianthus puniceus* se prêtent parfaitement à ce mode de bouturage.

« Ces sortes de boutures » dit M. Carrière (*Entretiens familiers sur l'horticulture*), « produisent directement des plantes, ou bien elles donnent naissance à des bourgeons qu'on détache ensuite pour les bouturer à leur tour; dans ce dernier cas, ces boutures de feuilles peuvent être considérées comme de véritables *mères*. Relativement à ce genre de boutures, je dois vous prévenir que beaucoup de feuilles peuvent s'enraciner sans émettre de bourgeons; il faut donc, dans le plus grand nombre des cas, pour obtenir ces derniers, que les feuilles soient munies d'un œil à leur base; on peut excepter toutefois celles dont les bourgeons se développent sur le limbe, cas qui, du reste, est de beaucoup le plus fréquent, et qui se manifeste au plus haut degré dans les *gesneria*, les *begonia*, les *achimenes*, les *briophyllum*, etc., pour lesquels même il suffit parfois, pour faire une bouture, d'un fragment du limbe d'une feuille. Chez ces quelques espèces de plantes il suffit, pour faire enraciner les feuilles, de poser le limbe sur le sol, la face inférieure tournée vers celui-ci, et de le fixer de manière qu'il y adhère. Il est encore à remarquer que, dans les végétaux dicotylédonés, parmi lesquels on trouve quelques espèces dont les feuilles sont susceptibles de s'enraciner et de produire des bourgeons, c'est toujours des nervures que sortent les racines; or, ces nervures étant une continuation du tissu fibreux, c'est une nouvelle preuve que les racines ne se forment *jamais* ailleurs que là où existe ce tissu. Remarquons encore que beaucoup de feuilles ne développent des bourgeons qu'au bout d'un temps plus ou moins long, ce qui s'explique par ce fait que les deux forces antagonistes existant dans les feuilles comme dans toutes les autres parties des végétaux, et celles-ci ne pouvant qu'avec de grands efforts s'allonger par le sommet, la force qui s'exerce vers la base l'emporte, momentanément du moins, sur l'autre ; de cette façon et au bout d'un temps plus ou moins long, il s'y forme une accumulation de sève qui, suffisamment élaborée, acquiert à son tour les deux forces opposées (*ascendante* et *descendante*) ; alors tout rentre dans l'état normal ; il se développe de ce centre d'impulsion, qui remplit dès ce moment le rôle de *collet*, un axe qui tend à s'élever, tandis que la partie opposée continue de s'enfoncer dans le sol pour produire des racines. Tout ceci nous explique pourquoi certaines feuilles demandent parfois un temps si long avant de développer des racines et surtout des bourgeons, ceux-ci ne pouvant apparaître que lorsque l'accumulation de sève est considérable et surtout lorsque cette même sève est suffisamment élaborée, et ces conditions, subordonnées à la nature et à l'état des tissus, demandant, par cette raison, plus ou moins de temps pour s'établir. En effet, on peut ajouter que, dans ces parties dépourvues d'yeux, il faut que ces derniers se forment, pour ainsi dire, par leurs propres forces. Il y a donc dans cette circonstance une sorte d'incubation mystérieuse qui, dans un espace de temps plus ou moins long, détermine la manifestation de la vie *sensible*. »

§ 8. — Bouturage en pots, sous châssis ou sous cloches.

C'est le mode de bouturage le plus généralement adopté pour les végétaux à feuilles persistantes et pour les plantes d'orangerie et de serre ; c'est celui qui exige le plus de soins et d'intelligence ; c'est aussi celui qui offre le plus d'intérêt à l'amateur et qu'il doit le mieux étudier.

On opère en toute saison sur des couches chaudes ou tièdes, mais on doit généralement préférer les mois de mai et juin, comme étant les plus favorables au succès.

On emploie soit la terre de bruyère bien tamisée, soit un mélange de trois quarts de terre de bruyère avec un quart de terre normale, soit le sable blanc pur, qui est préférable pour les plantes sujettes à pourrir. Si les boutures doivent êtres faites sous cloche, on les place en terrines ou en pots dont on garnit le fond de gravier ou de pierrailles. Les pots ou godets doivent avoir de 0 m. 02 c. à 0 m. 03 c. de diamètre, et les terrines 0 m. 30 c. environ. On coupe les boutures immédiatement au-dessous d'un nœud, d'une longueur proportionnée à leur force ; on enlève les feuilles de la partie inférieure, en laissant le pétiole intact, mais on ne touche point aux feuilles qui garnissent la partie supérieure ; on enfonce dans un trou fait avec un petit bâton chaque sujet, en pressant fortement la terre autour de sa base. Si c'est en terrine qu'on opère, on forme autour de la première bouture, placée au milieu, un ou deux rangs circulaires de boutures qu'on espace, suivant leur grosseur, de 0 m. 03 c. à 0 m. 08 c. Chaque terrine ne contiendra, autant que possible, que des boutures d'une même espèce de plante ; si

cependant on était forcé d'y placer des espèces différentes, on mettrait au milieu les plus vigoureuses,
et les plus délicates le long des parois : cette disposition favorise l'enracinement des sujets délicats en
ce qu'elle les met en contact plus immédiat avec
l'oxygène de l'air qui pénètre à travers la matière
poreuse du vase. L'opération terminée, la terrine, après une bonne mouillure en pluie très-fine,
est placée à l'abri du soleil et du vent. Dès que
l'eau est un peu ressuyée, on entoure le vase à
l'ombre en pleine terre ou dans le terreau d'une
couche; puis on recouvre d'une cloche. On commence à donner un peu d'air lorsque le mouvement
de la végétation indique que les racines se développent. On ne bassine les boutures, et encore très-
légèrement, jusqu'au moment où elles sont enracinées, que dans le cas où elles auraient absolument
besoin d'eau; il est même rare que la première
mouillure donnée aux boutures après la plantation
ne soit pas suffisante. On a soin d'essuyer la cloche
à l'intérieur, lorsqu'il s'y forme de grosses gouttes,
indice d'humidité, et de visiter souvent les boutures,
afin d'enlever les moisissures qui pourraient s'y
montrer. Aussitôt que les boutures sont enracinées,
on empote chacune d'elles isolément, et l'on se
garde bien d'exposer brusquement la nouvelle plante
au soleil.

S'il s'agit de bouturer des plantes de serre chaude,
on enfonce, dans la tannée d'une couche chauffée
de 20 à 30 degrés, les terrines ou les pots qui les
contiennent. La bâche où l'on a établi la couche
doit être disposée de manière qu'on puisse y entretenir un peu d'humidité et n'y laisser pénétrer qu'une
faible lumière.

Il est un excellent moyen d'enlever, sans inconvénient pour les boutures, la mousse'qui ne manque pas de se produire sur la terre des pots, lorsque les sujets tardent longtemps à s'enraciner : c'est de couvrir cette terre d'une légère couche de sable blanc, qu'il est très-facile d'en détacher en entraînant avec lui la mousse, lorsqu'on veut opérer le nettoyage.

Nous ne parlerons pas ici des préparations ni des soins particuliers que réclame le bouturage de certains végétaux; ces détails auront naturellement leur place dans les chapitres où nous traiterons de la culture spéciale des végétaux auxquels ils se rapportent.

Section IV. — Greffe.

Conserver et multiplier les variétés; transformer un végétal en faisant succéder à des fleurs insignifiantes et à des fruits amers d'autres fleurs dont l'éclat enchante les yeux, d'autres fruits dont le goût exquis charme le palais; favoriser dans certains terrains la culture de végétaux qui n'y viendraient point ou qui y viendraient mal s'ils y étaient plantés francs de pied; rétablir dans de belles proportions la forme d'un arbre devenu vicieux; avancer de plusieurs années la fructification des arbres; hâter la maturité, augmenter la qualité des fruits : telles sont les merveilles opérées par la greffe, une des plus belles, des plus importantes, des plus fructueuses opérations pratiquées dans le jardinage.

Le nom de l'auteur de cette grande découverte ne nous est point parvenu.

André Thouin, dans son *Traité sur la greffe*, et M. Du Breuil, dans son *Cours élémentaire théorique et pratique d'arboriculture*, ont donné, à peu près dans les mêmes termes, cette définition de la greffe.

Union d'une portion vivante d'un végétal à un autre végétal qu'on nomme *sujet*, avec lequel elle s'identifie, et sur lequel elle croît comme sur son pied même, lorsque l'analogie entre les individus ainsi rapprochés est suffisante.

M. Carrière se borne à dire que la greffe est : une opération qu'on pratique sur les végétaux dans le but d'en changer la nature.

Quoique cette dernière définition ait le grand mérite de la brièveté, nous préférons la première, qui a celui d'être plus complète.

On pourrait encore, avec assez d'exactitude, dire de la greffe que c'est un bouturage dans lequel le *sujet* remplace le sol, et le *greffon* la bouture. Cette définition, il est vrai, ne conviendrait pas à la greffe *en approche*, dans laquelle le greffon n'est point séparé du végétal qui le fournit; mais on pourrait parfaitement, en revanche, assimiler ce genre de greffe au couchage.

La réussite d'une greffe exige la réunion de plusieurs conditions essentielles :

1° Les végétaux qu'on veut unir doivent avoir des caractères communs, et le succès de l'opération est d'autant plus assuré qu'il y a entre eux une plus grande communauté de caractères. Ainsi l'on greffe très-bien l'une sur l'autre toutes les espèces et variétés de pêchers, toutes les espèces et variétés de poiriers, etc. On greffe encore avec succès des espèces appartenant à un genre avec des espèces d'un autre genre; la greffe, dans ce cas, est *disgénère*. Mais il est très-rare qu'on puisse greffer, l'un sur l'autre, des végétaux de familles différentes; cette exception, lorsqu'elle se présente, prouve seulement qu'il y a entre ces végétaux, en dépit de leur classilication, une très-grande analogie de séve et d'organes vasculaires.

Ce n'est pas seulement dans les caractères botaniques que doit exister la communauté ou l'analogie, il faut encore que le mode de végétation soit le même, et que cette végétation s'effectue à peu près à la même époque; c'est une faute de greffer une variété précoce, par exemple, sur un sujet tardif, ou une variété tardive sur un sujet précoce;

2° Le sujet et le végétal qui fournit la greffe doivent offrir une contexture à peu près semblable. Une plante vivace *herbacée* et une plante *ligneuse* pourront bien être classées dans la même famille, dans le même genre, dans la même espèce; elles ne pourront pas être unies par la greffe; ou, du moins, cette union, si elle se réalise parfois, dans de certaines conditions, ne saurait avoir, le sujet étant replacé dans les conditions ordinaires, plus de durée que le rameau greffé, dont la végétation est annuelle;

3° L'opération doit être faite de manière que la coïncidence soit parfaite entre les vaisseaux séveux du sujet et ceux du greffon, c'est-à-dire que les orifices de ces vaisseaux, appliqués exactement les uns sur les autres, ne présentent pas d'obstacles au passage de la séve. « L'expérience, » dit M. Du Breuil, « a démontré que les bourgeons peuvent modifier la séve qui leur est fournie par des racines étrangères, de manière à la faire servir à leur accroissement. La greffe pourra donc vivre sur le sujet toutes les fois que la partie tronquée des vaisseaux de celui-ci, destinés à charrier les fluides séveux de la racine aux feuilles, pourra être mise en contact immédiat avec la partie tronquée des vaisseaux séveux de la greffe (greffon); les orifices de ces vais-

seaux se trouvant appliqués positivement les uns
sur les autres, les sucs nourriciers du sujet arrive-
ront dans la greffe sans rencontrer d'obstacles.
Bientôt, les boutons de la greffe laisseront échapper
les premières feuilles, celles-ci transformeront en
cambium les fluides séveux fournis par le sujet, et
les vaisseaux descendants, soit ligneux, soit corti-
caux, naîtront de la base de chaque feuille, et pas-
seront de la greffe dans le sujet, en suivant la voie
humide existant entre l'aubier et l'écorce ; enfin
une partie de cambium, dans son mouvement de
descension, déposera, en passant, une quantité de
matière organique suffisante pour souder les bords
de la plaie, et la reprise de la greffe sera opérée. »
On conçoit, après cela, que cette reprise ne saurait
avoir lieu sans la coïncidence recommandée plus
haut. Pour obtenir cette coïncidence il suffira, les
vaisseaux séveux étant placés dans les couches d'aubier et les couches du liber les plus jeunes, de bien
mettre en contact ces deux couches dans le greffon
et dans le sujet ;

4° Le végétal sur lequel a été pris le greffon doit
avoir une vigueur à peu près égale à celle du sujet.
Il résulterait d'une inégalité marquée que le sujet
tuerait la partie greffée ou serait tuée par elle, selon que la supériorité ou l'infériorité de vigueur
serait de son côté. Que l'on greffe, par exemple, un
poirier sur un cognassier, ainsi que cela se fait encore tous les jours, il se forme un bourrelet produit
par une accumulation de la séve que le sujet ne
peut absorber. « Il s'établit donc, dit M. Carrière,
à ce point de contact du sujet avec le greffon un
foyer vital, un centre d'impulsion, une sorte de *collet*, si vous l'aimez mieux, d'où rayonnent ces deux
systèmes opposés qu'on peut constater dans toutes

les parties des végétaux, l'un ascendant, l'autre descendant, de sorte que le bourrelet, dans cette circonstance, est déterminé par l'inégale répartition
des sucs nourriciers entre les deux parties qu'on a
voulu unir, sucs qui, ne trouvant pas d'issue, se soli-
difient et constituent ces amas plus ou moins consi-
dérables qui se manifestent sur les sujets, si les
greffons n'absorbent pas tous les liquides que ceux-
là leur fournissent; sur les greffons, au contraire,
si, recevant beaucoup des sujets, ils ne leur renvoient
qu'une partie de ce qu'ils reçoivent. Dans ce cas,
l'analogie est assez grande pour que les deux individus puissent vivre ; mais leur inégalité de vigueur
les empêche de durer longtemps, en un mot, est
cause que l'un ou l'autre périt prématurément. »

L'inégalité de vigueur entre les deux végétaux
qu'on veut unir, vient quelquefois de ce que ces végétaux ne sont pas arrivés au même point du développement de leur vie végétale, c'est-à-dire qu'il y
a retard ou avance de l'un sur l'autre. Dans ce cas,
l'inégalité de vigueur n'est que momentanée, sans
doute ; mais elle n'en est pas moins contraire à la
réussite, surtout si c'est le greffon qui est en avance
sur le sujet ; car le premier languira nécessairement,
ne pouvant tirer immédiatement du second toute la
nourriture qui lui est nécessaire ;

5° Il faut choisir les époques les plus avantageu-
ses des mouvements de la séve. Celle de la séve
montante convient pour les greffes en *fente*, en
couronne, par *juxtaposition*, par *écusson à œil poussant*. La séve descendante est préférable pour les
jeunes sujets très-abondants en séve et greffés à *œil
dormant*. Quelques arbres résineux veulent être
greffés lorsque la séve est au milieu de son cours.

Telles sont les conditions générales sans lesquelles

il n'y a point à espérer de réussite; nous y ajouterons la dextérité du jardinier.

La réciprocité, en ce qui concerne la greffe, n'existe pas toujours entre les végétaux. On peut greffer, par exemple, certains végétaux à feuilles *persistantes* sur des végétaux à feuilles *caduques :* le photinia luisant, arbrisseau toujours vert, sur le cognassier commun, dont les feuilles sont caduques; le magnolier à grandes fleurs, dont les feuilles sont persistantes, sur le magnolier pourpre, à feuilles caduques, etc.; mais on n'obtiendra jamais une greffe durable d'un végétal à feuilles caduques sur un végétal à feuilles persistantes. La greffe du cognassier commun sur le photinia luisant, celle du magnolier pourpre sur le magnolier à grandes fleurs, etc., auront peut-être sous cloche une réussite momentanée; cette réussite est une illusion à laquelle on sera bientôt forcé de renoncer; la raison en est simple et facile à comprendre. La *vie active* du sujet est permanente; celle du greffon ne l'est point, elle alterne avec une période de *vie passive*; tant que la vie active concorde dans les deux végétaux, tout va bien; mais au moment où commence, pour le greffon, la vie passive, c'est-à-dire où il se fait un grand ralentissement dans ses fonctions, il cesse peu à peu d'élaborer les sucs que le sujet ne discontinue point de lui envoyer, en un mot, il leur ferme le passage : de là, pléthore et mort du sujet, sans espoir de résurrection à l'époque où devrait recommencer la vie active du greffon.

Il y a des végétaux qui ne peuvent être soumis à la greffe, les uns parce qu'ils n'ont point de *tissu vasculaire* (les *acotylédonés*), les autres parce qu'ils sont dépourvus de *rayons médullaires* (les *monoco-*

tylédonés). Quant à ces derniers, les auteurs ne sont pas d'accord ; cependant les expériences tentées dans le but de démontrer la possibilité de soumettre à la greffe les végétaux monocotylédonés, sont loin jusqu'à présent d'avoir été suffisamment concluantes. Ainsi, point de greffe possible pour les champignons, les fougères, les lycopodes ; point de greffe probable pour les graminées, les orchidées, les cannées, les iridées, les liliacées, les amaryllidées, les joncées, les palmiers, etc.

Un *greffoir*, une *serpette*, une *scie à main*, dite *égohine*, un *maillet* en bois, un petit *coin* en bois dur, de la *laine*, du *mastic à greffer*, tels sont les outils et engluements nécessaires au greffeur.

Le *greffoir* se compose d'une lame et d'une spatule en buis ou en ivoire, destinée à soulever l'écorce.

La *serpette* sert à fendre les grosses tiges des sujets.

Avec le *maillet* on frappe sur le dos de la serpette.

On maintient avec le *coin* la fente entr'ouverte, afin qu'on y puisse insérer facilement le greffon.

On emploie la *laine*, qui doit être grossièrement filée et peu tordue, à faire la ligature qui maintiendra, jusqu'à la reprise, le greffon dans une position fixe sur le sujet.

Le *mastic* sert à remplir une des conditions les plus essentielles au succès de l'opération, qui est de garantir de l'action de l'air les plaies occasionnées par la greffe.

Il y a plusieurs sortes de *mastics* ou de *cires à greffer*. Pour notre jardinier amateur qui n'aura jamais à faire qu'un nombre assez restreint de greffes à la fois, le meilleur mastic nous paraît être celui dont M. Du Breuil donne ainsi la composition :

Poix noire.	28	
Poix de Bourgogne. . , . . .	28	
Cire jaune.	16	Pour 100 parties
Suif.	14	en poids.
Cendres tamisées ou ocre. . . .	14	
	100	

Ce mélange doit être employé assez chaud pour être liquide, mais pas assez pour altérer les tissus de l'arbre.

Nous trouvons dans l'*Encyclopédie horticole* de M. Carrière une autre composition que voici ·

Poix noire. . , ...	40
Poix de Bourgogne. . . .	40
Cire jaune. . . , . . .	10
Suif.	10
	100

L'*Onguent de saint Fiacre* n'est guère employé que pour des opérations grossières ; c'est un mélange, par moitié, de bouse de vache et d'argile pilée, bien tamisée. Il a trois grands inconvénients : La sécheresse le fend ; la pluie l'entraîne ; il offre un refuge à divers insectes nuisibles, et particulièrement au puceron lanigère.

La classification des greffes selon la méthode d'André Thouin est encore aujourd'hui la plus généralement adoptée ; en voici le tableau :

1re SECTION : Greffes par approche.	1re Série : sur tiges.
	2e Série : sur branches.
	3e Série : sur racines.
	4e Série : de fruits.
	5e Série : de fruits et de fleurs.

2e Section : *Greffes* *par scions.*	1re Série : en fente. 2e Série : en couronne. 3e Série : en ramilles. 4e Série : de côté. 5e Série : par et sur racines.
3e Section ; *Greffes par gemma*	1re Série : en écusson. 2e Série : en flûte.
4e Section : *Greffes herbacées* *des végétaux.*	1re Série : unitiges. 2e Série : omnitiges. 3e Série : multitiges. 4e Série : non ligneux

En tout 16 séries comprenant 248 espèces de greffes.

M. Carrière a établi une autre classification ; les greffes sont divisées par lui en deux sections principales :

1re Section : Greffes faites avec des rameaux, sans tenir compte de leur longueur.

2e Section : Greffes faites avec des fragments d'écorce.

Chaque section est subdivisée en séries.

La première en comprend quatre :

1re *Série :* la greffe en fente.
2e *Série :* la greffe en placage.
3e *Série :* la greffe mixte.
4e *Série :* la greffe en approche.

La deuxième section comprend une seule série :

Série unique. La greffe en écusson.

M. Du Breuil, modifiant un peu la classification d'André Thouin, a dressé un tableau des greffes divisées en sections et en groupes, dans lequel il indique, pour chaque groupe, un certain nombre de greffes les plus usitées, passant sous silence plus de deux cents autres greffes, curieuses peut-être, mais d'une utilité très-contestable. Nous reproduisons en entier ce tableau qui nous servira de guide, nos lecteurs devant y trouver la nomenclature complète, et même au delà, des opérations qui peuvent les intéresser.

1re Section.

Greffes par approche :

1° Sylvain.
2° Agricola.
3° Anglaise ou Aiton.
4° Herbacée Jard.
5° Herbacée Leberryais.

2e Section.

Greffes par scions ou par rameaux :

1er Groupe. *Greffes en fente.*	1° Simple ou Atticus. 2° Palladius ou double. 3° Bertemboise. 4° Lée. 5° Anglaise. 6° En fente-bouture. 7° De Tschuody. 8° Herbacée.
2e Groupe. *Greffes en couronne*	1° Théophraste. 2° Varin. 3° Perfectionnée (Du Breuil).
3e Groupe. *Greffes de côté.*	1° Richard. 2° En navette. 3° Girardin.
4e Groupe. *Greffes sur racines*	1° Saussure. 2° Cels.

3ᵉ Section.

Greffes par gemma, œil ou bouton.

1ᵉʳ Groupe. *Greffes en écusson.*	1° Vitry ou à œil dormant. 2° Jouette ou à œil poussant. 3° Descemet ou double. 4° Pœderlé ou sans bois. 5° Lenormand ou boisée. 6° Sickler ou sur racine.
2ᵉ Groupe. *Greffes en flûte.*	1° Jefferson. 2° En sifflet. 3° De Faune.

Nous n'insisterons pas également sur toutes ces greffes, qui, bien que réduites à un petit nombre, sont, à notre point de vue, bien loin d'être toutes intéressantes au même degré.

§ 1. — Greffes par approche.

Dans la greffe par approche, le greffon n'est point séparé du végétal qui le fournit, avant qu'il y ait soudure complète et communauté de séve bien établie entre lui et le sujet.

Enseignée par la nature elle-même, cette greffe dont nous voyons souvent des exemples dans les forêts, doit être la plus anciennement connue; son emploi remonte probablement aux premiers temps de la culture des arbres.

Quoiqu'on puisse en toute saison greffer par approche, cependant on est plus assuré du succès en opérant au printemps, lorsque les gelées ne sont plus à craindre et qu'on n'a pas encore à redouter les fortes chaleurs.

La greffe par approche est une des plus usitées

pour la multiplication des végétaux à feuilles persistantes.

Les deux parties qu'on veut greffer l'une sur l'autre doivent être de la même grosseur ou à peu près, à moins toutefois que le greffon ne soit un rameau du sujet même, comme dans la greffe herbacée Jard.

On pratique sur chacune de ces deux parties une entaille longitudinale, de manière à enlever l'écorce depuis l'épiderme jusqu'à l'aubier et, dans certains cas, le bois jusqu'au canal médullaire. Cette entaille doit être nette et permettre aux parties entaillées de s'appliquer exactement l'une sur l'autre; sa longueur, variable selon la grosseur des végétaux à unir, est, en moyenne, de 0 m. 04 c. à 0 m. 08 c.

La réunion ou superposition des plaies résultant des entailles doit être telle que les écorces coïncident et que les feuilles du liber se joignent le plus exactement possible.

Les parties étant disposées comme il vient d'être dit, on les fixe avec des ligatures et on les soutient avec des tuteurs. Pour les garantir de l'action de l'air et de l'eau, on les enveloppe d'une couche de cire à greffer.

Pour sevrer la greffe, il faut attendre que le greffon soit complétement soudé avec le sujet, ce qui arrive le plus souvent vers le huitième mois. La soudure se fait attendre quelquefois beaucoup plus longtemps; on doit alors retarder d'autant le sevrage.

En général, et surtout lorsqu'on a greffé des espèces délicates, il ne faut pas opérer brusquement la séparation du greffon et de la tige mère. On incise une première fois le greffon, jusqu'au tiers de son diamètre, au-dessous du point où commence sa soudure avec le sujet; quelque temps après, on fait pénétrer l'incision jusqu'aux deux tiers; on complète enfin la séparation au moment où l'on juge qu'elle n'offre plus de danger. Par cette sage progression dans le sevrage, on habitue, sans qu'il en résulte aucun trouble, le greffon à tirer du sujet toute sa nourriture.

Le sevrage effectué, on supprime la tête du sujet.

GREFFE PAR APPROCHE SYLVAIN. — C'est une greffe par approche sur tige, avec deux têtes croisées. On l'emploie surtout pour faire des palissades et des haies vives de charme, de troène, de saule, etc.

Dans l'année de la plantation de la haie, on rabat les jeunes plants à 0 m. 08 c. de terre, en ne laissant à chaque pied que les deux plus beaux bourgeons, placés le plus possible dans la ligne de la haie. Ces bourgeons, au printemps suivant, seront entaillés, inclinés de manière que chacun d'eux se croise avec un bourgeon du pied voisin, la plaie de l'un étant exactement appliquée sur la plaie de l'autre, et enfin ligaturés avec de l'osier. L'année d'après, on pratiquera de la même manière un second rang de greffes, et ainsi de suite, jusqu'à ce que la haie ou la palissade ait atteint la hauteur qu'on veut lui donner.

GREFFE PAR APPROCHE AGRICOLA. — Le sujet sera planté à côté du végétal à multiplier, ou élevé dans un pot, de manière qu'on puisse le placer tout près, quand viendra le moment de faire l'opération. Celle-ci se pratique exactement de la manière que nous avons indiquée, en parlant de la greffe par approche en général. Nous n'ajouterons qu'une observation : si l'on a soin de faire l'entaille du sujet plus profonde en bas qu'en haut, et celle du greffon plus profonde au contraire en haut qu'en bas, la tige offrira une forme moins disgracieuse lorsque, après le sevrage, le greffon sera coupé, et la tête du sujet suprimée.

GREFFE PAR APPROCHE AITON OU ANGLAISE. — On emploie cette greffe pour des végétaux à bois très-dur; elle ne diffère de la greffe Agricola que par la forme de l'entaille. On pratique au milieu de celle-ci, tant sur le sujet que sur le greffon, mais en sens inverse, une seconde entaille oblique, de manière que le sujet présente une sorte de languette dirigée de bas en haut, et le greffon une languette pareille, dirigée de haut en bas. Ainsi, les deux languettes s'enchevêtrant l'une dans l'autre, le sujet et le greffon, lorsqu'on les rapproche, se trouvent, pour ainsi dire, agrafés. Ce procédé a surtout le mérite de donner de la solidité à la soudure.

GREFFE PAR APPROCHE, HERBACÉE JARD. — Cette greffe, dans laquelle on opère avec des bourgeons qui ont atteint les deux tiers seulement de leur développement en longueur, est employée avec succès pour remplir les vides parmi les rameaux à fruit, latéraux, des branches mères ou sous-mères du pêcher. Ainsi un bourgeon, placé inférieurement sur la branche dégarnie, peut être greffé, toujours par le procédé que nous avons décrit, au point où le vide existe; et même, s'il existe plusieurs vides, ils peuvent être remplis par le même bourgeon greffé plusieurs fois. Quoique la soudure soit complète au printemps suivant, il est prudent, pour éviter le desséchement du greffon, de remettre le sevrage au second printemps.

Ce genre de greffe est parfaitement applicable à la vigne (fig. 4).

GREFFE PAR APPROCHE, HERBACÉE LE BERRYAIS. —

Cette opération qui a pour but d'augmenter la grosseur d'un fruit est plus curieuse que véritablement utile. On la pratique vers la fin de juin. Elle consiste

Fig 4.

à greffer, sur le pédoncule du fruit qu'on veut faire grossir, un bourgeon vigoureux placé dans le voisinage, et à pincer l'extrémité de ce bourgeon, lorsque la soudure est achevée. L'accroissement du fruit en volume s'explique par le surcroît de sucs nourriciers que lui fournit le greffon.

§ 2. — Greffes par scions ou rameaux.

La greffe par scions ou rameaux comprend plusieurs séries d'opérations dans lesquelles, contrairement à ce qui a lieu dans la greffe par approche, le greffon est préalablement détaché de la tige mère.

Le greffon, excepté pour la greffe en fente herbacée, doit être choisi parmi les plus vigoureux et les mieux aoûtés de l'année précédente.

Comme il serait exposé à se dessécher si, étant en pleine végétation, de même que le sujet, au moment de l'opération, il ne recevait alors de ce dernier qu'une nourriture insuffisante, il est essentiel de le retarder, ce qu'on obtient en le détachant

de la tige mère, cinq ou six semaines d'avance et
en l'enterrant au pied d'une palissade ou d'un mur
exposé au nord.

Les autres soins généraux que réclame la greffe
par scions consistent à favoriser l'affluence de la
séve vers le greffon en plaçant celui-ci sur le côté
du sujet exposé au midi (à moins qu'il n'y ait plusieurs greffons sur le même sujet), à garantir, du-
rant une quinzaine de jours, les parties greffées
de l'action de l'air et du soleil, et à préserver de
tout ébranlement les greffons une fois placés.

C'est le plus ordinairement au printemps, lorsque
les boutons du sujet commencent à s'entr'ouvrir,
qu'on pratique la greffe par rameaux en fente.
Quelquefois on attend la fin de l'été; le greffon ne
se développe que le printemps suivant, mais sa
soudure avec le sujet étant alors complète, il n'a
plus rien à craindre des hâles de mars et d'avril.

Les greffes par rameaux en couronne, et les
greffes par rameaux de côté, ne doivent être opérées
qu'au moment où, les bourgeons du sujet ayant
atteint une longueur de 0 m. 01 c., l'état avancé
de la végétation permet de séparer facilement
l'écorce de l'aubier.

GREFFE EN FENTE SIMPLE OU ATTICUS. — On coupe
horizontalement (fig. 5) la tête du
sujet avec une petite scie à main;
on aplanit la coupe avec une serpette; on pratique sur le diamètre
de cette coupe, en frappant avec
un maillet sur le dos d'une lame
de couteau, une fente verticale
d'environ 0 m. 06 c. bien droite,
et dont les bords soient nettement
incisés, et l'on maintient cette

Fig. 5.   Fig. 6.

fente suffisamment entr'ouverte, en y introduisant un petit coin de bois.

Après avoir ainsi préparé le sujet, on prend le greffon, qui doit être muni de deux ou trois bons yeux (fig. 6.); on lui donne une longueur de 0 m. 10 c. à 0 m. 20 c., suivant la grosseur et la vigueur du sujet, en ayant soin que le sommet soit terminé par un bouton; on le taille à sa base, sur une longueur de 0 m. 03 c., en lame de couteau, et de manière que le côté de l'écorce soit le plus épais.

Cela fait, on introduit le greffon dans la fente du sujet, l'œil de la base en dehors et à la hauteur de la coupe, et on l'y place, « de telle sorte, dit M. Carrière, qu'il ne forme ni saillie ni concavité avec les parties du sujet qui le touchent de chaque côté, et que celui-ci présente à l'extérieur la même forme qu'il avait avant l'opération. » M. Dubreuil recommande, au contraire, d'incliner légèrement vers le centre de la tige le sommet du greffon dont, par suite, la base ressort et fait saillie. Cette disposition a pour but d'assurer, sur un point au moins de leur étendue, le contact du liber du greffon avec celui du sujet.

On enlève ensuite le coin qui maintenait la fente entr'ouverte; celle-ci se resserre aussitôt, et le greffon est fixé. Pour donner plus de solidité à ce rapprochement des parties, on les ligature, selon leur force, avec de l'osier, de la ficelle ou du fil, et on les recouvre avec de la cire à greffer, pour les protéger contre l'action de l'air et de l'eau. On abrite le greffon contre le soleil en coiffant le sujet avec un cornet de papier.

GREFFE EN FENTE PALLADIUS OU DOUBLE. — C'est la même que la précédente, avec cette différence qu'au lieu d'un seul greffon, on en place deux sur le sujet, un de chaque côté de la fente.

GREFFE EN FENTE BERTEMBOISE. — Cette greffe diffère de la greffe Atticus en ce que la tête du sujet est coupée en biseau, sauf une petite surface qu'on tranche horizontalement à l'endroit où le greffon doit être introduit.

GREFFE EN FENTE LÉE. — La tête du sujet. après avoir été coupée horizontalement, n'est pas fendue dans tout son diamètre, comme dans les greffes qui précèdent ; on y pratique une entaille latérale, triangulaire, descendant en pointe le long de la tige, et c'est dans cette entaille qu'on applique le greffon dont la base doit être aussi taillée triangulairement et en pointe, de manière à en remplir· le vide le plus exactement possible.

GREFFE EN FENTE ANGLAISE. — Elle consiste à tailler en biseau, dans un sens inverse, l'extrémité du sujet et la base du greffon, et à les appliquer l'une sur l'autre de façon qu'il y ait, entre les libers, une coïncidence parfaite. Il va sans dire que le sujet et le greffon doivent être de la même grosseur.

GREFFE EN FENTE-BOUTURE. — Elle est en usage pour la vigne. On coupe en biseau allongé, à 0 m. 15 c. au-dessous du sol, la souche d'un cep, qu'on a découvert jusqu'à 0 m. 30 c., et l'on pratique, au milieu du biseau, une fente verticale. On prend pour greffon un sarment long de 0 m. 25 c., et muni de son talon, on l'entaille vers le milieu de sa longueur, de manière à pénétrer d'un quart environ dans son épaisseur ; au milieu de cette première entaille, qui doit être un peu plus longue que le biseau du sujet, on en fait une seconde, dirigée de bas en haut, de manière à produire une esquille ou languette de 0 m. 04 c. de longueur ; cette languette est introduite dans la fente pratiquée au milieu du biseau ; on ligature, on enduit de cire à greffer, on recouvre de terre la souche, en ne laissant saillir au-dessus du sol qu'un bouton du greffon.

GREFFE EN FENTE HERBACÉE. — C'est vers la fin de mai, au moment où le sujet est en pleine séve, qu'on pratique ce genre de greffe qui convient principalement aux arbres résineux. On coupe la tige du sujet immédiatement au-dessous du bourgeon terminal de l'année, et on l'entaille dans son diamètre, de manière à y introduire le greffon (bourgeon non encore solidifié), dont on a façonné la base en forme de coin. Il est essentiel que le greffon ait à sa base un diamètre égal à celui du sujet.

GREFFE EN COURONNE THÉOPHRASTE. — On coupe horizontalement la tête du sujet, et on aplanit la plaie avec une serpette. On fait à l'écorce, autour de la tête ainsi parée (fig. 7), autant de fentes verticales qu'on a de greffons à placer, et que le permet la grosseur du sujet, ces fentes devant être distantes l'une de l'autre de 0 m. 08 c. au moins ; on les fait pénétrer jusqu'à l'aubier, et on leur donne une longueur d'environ 0 m. 08 c. Les greffons, coupés à quatre ou cinq yeux, sont taillés, à la base, en biseau très-allongé, de manière à former un cran (fig. 8) à l'endroit où le greffon devra reposer sur la tête du sujet, On soulève avec la spatule du greffoir les deux lèvres de l'écorce incisée,

Fig. 8.

Fig. 7.

et l'on introduit le greffon entre l'écorce et l'aubier, en recommençant, à chaque fente, la même
opération, jusqu'à ce que tous les greffons soient
posés. Ceux-ci doivent avoir leur surface biseautée
appliquée jusqu'au cran sur l'aubier. L'opération
terminée, on assujettit solidement les greffons au
sujet, en les ligaturant, et on soustrait les plaies
au contact de l'air en les couvrant de cire à greffer.
Cette greffe est surtout employée lorsqu'on veut
faire d'un gros sauvageon un bon arbre à fruit,
ou changer la nature de fruits d'un vieil arbre
fruitier.

Greffe en couronne Varin. — Une entaille triangulaire pratiquée transversalement sur la surface
aplanie de la tête du sujet, derrière le sommet de
la fente verticale de l'écorce ; une dent triangulaire,
au lieu d'un cran, à la naissance de la surface bi-
biseautée du greffon ; l'insertion dans l'entaille triangulaire du sujet, de cette dent du greffon, lorsqu'on
introduit celui-ci entre l'écorce et l'aubier, tels sont
les détails particuliers qui distinguent cette greffe
de la précédente.

Greffe en couronne perfectionnée. — Nous lais-
sons la plume à M. Du Breuil, inventeur de cette
greffe : « La tige est coupée en biseau, comme pour
la greffe en fente Bertemboise. On pratique une
fente verticale sur l'écorce, un peu à gauche ou à
droite du sommet du biseau. La greffe est taillée
comme celle en couronne Varin, avec cette différence que l'un des côtés de la languette est incisé.
La greffe est ensuite placée sur le sujet, de façon
que la dent qu'elle offre au sommet de la partie en-
taillée chevauche sur le sommet du biseau du sujet,
et que l'incision latérale de la languette vienne s'appliquer contre le côté de l'écorce du sujet, non sou-

levé pour recevoir cette languette. On ligature ensuite et l'on couvre de mastic. »

GREFFE DE CÔTÉ RICHARD. — Dans les greffes de côté, on ne coupe point la tête du sujet, et l'on opère sur le côté de la tige. Pour la greffe de côté Richard, on incise en forme de T l'écorce du sujet ; au-dessus de l'incision, on entaille l'écorce jusqu'au-dessous de la première couche d'aubier, on soulève avec la spatule du greffoir les lèvres de l'écorce incisée, on introduit le bourgeon et on ligature.

GREFFE DE CÔTÉ EN NAVETTE. — On incise latéralement la tige ou la branche du sujet et l'on y introduit le greffon taillé en forme de navette.

GREFFE DE CÔTÉ GIRARDIN. — On opère cette greffe à la fin d'août ; elle a pour but le remplacement de rameaux à fruits disparus, sur la charpente des poiriers et des pommiers. L'opération consiste à introduire, dans l'incision faite sur la branche, un rameau portant un bouton à fleur pour le printemps suivant, à ligaturer et à couvrir la plaie de cire à greffer.

Les GREFFES PAR RAMEAUX SUR RACINE sont peu usitées. La GREFFE SAUSSURE se fait, comme la greffe en fente Atticus, avec des rameaux posés sur le gros bout de racines séparées de leur souche, et laissées en place. Dans la GREFFE CELS, les racines sont également séparées de leur souche, mais transplantées ailleurs.

§ 3. — Greffes par gemma, œil ou boutons.

Dans ce groupe de greffes, on emploie pour greffons des plaques d'écorces plus ou moins grandes et de formes différentes, au milieu desquelles se trouve un bouton.

GREFFE EN ÉCUSSON. — C'est la plus généralement pratiquée sur les jeunes sujets d'un à cinq ans, ayant une écorce tendre, mince et lisse.

Son nom lui vient de ce que les plaques d'écorce destinées à servir de greffons présentent à peu près la forme d'un écusson d'armoirie. On opère lorsque les arbres sont en séve : au mois de mai quelquefois, le plus souvent en août.

On choisit et on coupe sur les végétaux à multiplier des bourgeons offrant, à l'aisselle des feuilles, des yeux bien formés; on supprime l'extrémité herbacée de ces bourgeons, et les feuilles en réservant une portion du pétiole, d'environ 0 m. 01 c. de longueur, laquelle servira plus tard à tenir l'œil pour l'insérer dans l'incision. Les bourgeons ainsi dépouillés de leurs feuilles sont enveloppés d'herbes fraîches ou de mousse humide, s'ils ne doivent être employés que le lendemain ou le surlendemain; si on veut les poser le jour même de leur préparation et qu'ils soient en grand nombre, ou si l'on manque de célérité, ce qui peut très-bien arriver à un amateur, on les met à l'ombre dans un vase plein d'eau, d'où on ne les tire que l'un après l'autre, et lorsqu'on a épuisé tous les écussons que chacun d'eux peut fournir.

Fig. 10.

Fig. 9.

On fait, avec la lame du greffoir, sur l'écorce du sujet, une incision en forme de T (*fig.* 9); cette incision doit être nette et pénétrer jusqu'à l'aubier.

On ouvre par le haut, avec la spatule du greffoir, les deux lèvres de l'écorce incisée, en les détachant exactement de l'aubier, et sans y laisser la moindre couche de liber.

Le sujet étant préparé, il faut s'occuper de l'écusson ; voici comment on procède :

L'œil qu'on veut lever est circonscrit entre deux incisions transversales, l'une à 0 m. 01 c. au-dessus de lui, l'autre à 0 m. 013 au-dessous. On le lève dans la longueur déterminée par ces deux incisions, en ayant soin de conserver l'amas de tissu cellulaire qui se trouve derrière lui, sans quoi l'œil serait *vidé* et ne pourrait se souder avec le sujet (*fig.* 10).

Après avoir levé l'écusson, on le saisit par la portion de pétiole qui lui a été laissée, et on l'introduit, en s'aidant de la spatule, dans l'incision qui a été faite au sujet, de manière que sa partie supérieure ne déborde pas la fente transversale de l'incision, et que la base de l'œil soit bien appuyée sur l'aubier du sujet.

La ligature peut être faite avec de l'osier, du jonc, de la filasse ; mais on emploie de préférence un fil de laine un peu gros. On applique ce fil par le milieu de sa longueur sur le côté du sujet opposé à l'écusson, on ramène les deux bouts en les croisant au-dessus de l'œil, on serre légèrement, on les croise par derrière, on les ramène de nouveau par devant pour les croiser au-dessous de l'œil, on passe et repasse alternativement sur l'œil et dessous, jusqu'à ce que les plaies soient entièrement couvertes, on arrête le fil par un nœud coulant, et l'opération est terminée.

Deux ou trois semaines après la pose des écussons, si l'on s'aperçoit qu'il se forme un bourrelet au-dessus de la ligature, celle-ci doit être desserrée.

Lorsqu'on greffe en mai, il faut, immédiatement après l'opération, couper la tête du sujet, à 0 m. 03 c. ou 0 m. 04 au-dessus de la greffe, pour arrê-

ter la séve et la forcer à passer dans l'œil de l'écusson. Cette amputation de la tête ne se fait qu'au
printemps suivant, lorsqu'on opère à la séve d'août,
afin de retarder jusqu'à cette époque le développement du bourgeon; celui-ci n'aurait pas le temps,
si on opérait comme en mai, de s'aoûter suffisamment, et serait exposé à périr pendant l'hiver.

Le bourgeon de l'écusson, lorsqu'il est parvenu
à une longueur de 0 m. 15 à 0 m. 20 c., doit être
soutenu au moyen d'un petit tuteur fixé à la tige du
sujet.

On visitera de temps en temps, et on ébourgeon-
nera soigneusement les sujets greffés; faute de cette
précaution, il croîtrait sur la tige un grand nombre
de bourgeons qui, en absorbant la séve des racines,
empêcheraient la greffe de profiter et pourraient
même la faire périr.

La greffe pratiquée à la séve de mai, et suivie
immédiatement de l'amputation de la tête du sujet,
est appelée GREFFE EN ÉCUSSON JOUETTE OU A ŒIL
POUSSANT.

On a donné le nom de GREFFE EN ÉCUSSON VITRY
OU A ŒIL DORMANT, à la greffe pratiquée en août,
avec amputation de la tête du sujet au printemps
suivant.

Dans la GREFFE DESCEMET OU DOUBLE, au lieu de poser un seul écusson sur le sujet, on en pose deux
et même davantage.

La GREFFE PŒDERLÉ OU SANS BOIS se distingue des
autres en ce qu'on supprime tout l'aubier, soit en
détachant l'écusson, soit après l'avoir détaché.

On laisse, au contraire, sous l'œil, dans la GREFFE
LENORMAND OU BOISÉE, une légère couche d'aubier
couvrant le tiers environ de l'écusson.

On greffe EN ÉCUSSON SICKLER OU SUR RACINE, à

œil poussant, des espèces d'arbres qui n'ont point de congénères. L'écusson se pose, au printemps, sur une racine traçante de la grosseur du doigt, qu'on laisse découverte à l'endroit greffé, après l'opération. L'année suivante, on peut séparer la racine du pied mère.

GREFFE PAR GEMMA EN FLUTE. — Dans ce groupe de greffes, les yeux, au lieu d'être sur des écussons, se trouvent sur des anneaux plus ou moins grands d'écorce sans aubier.

La GREFFE EN FLUTE JEFFERSON se fait vers le déclin de la séve d'août, par un temps doux et sans pluie. On enlève, sur un bourgeon de même grosseur que le sujet, un anneau d'écorce muni d'un ou deux yeux bien formés; on détache sur le sujet un anneau d'écorce de même dimension et sans yeux qu'on remplace par l'anneau enlevé sur le bourgeon. La tête du sujet est coupée, le printemps suivant, après la reprise du greffon.

GREFFE EN FLUTE SIFFLET. — C'est à la sève du printemps qu'on opère; la tête du sujet étant coupée, on enlève, à partir de la coupe, un anneau d'écorce d'une longueur de 0 m. 08. On prend le greffon dont la végétation a été retardée, par un enterrement, à l'ombre, d'une quinzaine de jours; on en détache un anneau d'écorce muni d'un ou deux bons yeux; on ajuste cet anneau sur le sujet de manière qu'entre l'écorce de celui-ci et la base de celui-là, il y ait une parfaite coïncidence.

GREFFE EN FLUTE DE FAUNE. — C'est la même que la précédente; seulement au lieu d'enlever complétement un anneau de l'écorce du sujet, on rabat, en la divisant en plusieurs lanières, la portion d'écorce qui eût formé l'anneau; ces lanières sont ensuite relevées par dessus le greffon lorsqu'il a été ajusté sur le sujet. On supprime la ligature dès que le bourgeon commence à se développer, ce qui a lieu d'ordinaire ou bout de huit ou dix jours. Cette greffe diffère encore de la greffe en flûte sifflet en ce que l'anneau d'écorce qui forme le greffon est plus long et porte un plus grand nombre d'yeux.

LISTES

DES PRINCIPAUX ARBRES, ARBRISSEAUX ET ARBUSTES D'ORNEMENT,
ET DES PRINCIPAUX ARBRES ET ARBRISSEAUX FRUITIERS
CLASSÉS SUIVANT LEUR MODE DE CULTURE ET DE MULTIPLICATION.

Multiplication par le Couchage ou Marcottage.

PRINCIPAUX ARBRES, ARBRISSEAUX ET ARBUSTES D'OR-
NEMENT, A FEUILLES CADUQUES, CULTIVÉS EN TERRE
DE BRUYÈRE :

Anones. — Couchage par incision, avec talon.
Azalées. —   id.
Cléthra. —   id.
Calycanthes. — Couchage herbacé par incision, avec talon.
Chionantes. —   id.
Daphnés (espèces à feuilles caduques). — id.
Dirca. —   id.
Itea. — Couchage par incision, avec talon.
Lauriers (espèces à f. cad.). — Couchage par incision, avec talon, et par racine.
Magnoliers (esp. à f. cad.). — Couchage par incision avec talon.
Pivoine en arbre. —   id.
Rhodora. —   id.
Spirées. —   id.

PRINCIPAUX ARBRES, ARBRISSEAUX ET ARBUSTES D'OR-
NEMENT, A FEUILLES CADUQUES, CULTIVÉS EN TERRE
FRANCHE.

Amandiers. — Couchage par incision, avec talon, et par racines.

4

Aralies. — Couchage par racines.
Argousiers. — Couchage par incision, avec talon.
Aristoloches. — Couchage herbacé en serpenteaux.
Baccharide. — Couchage en archet.
Berberis. — Couchage en archet, et par drageons.
Bignones. — Couchage en serpenteaux.
Budléges. — Couchage en archet.
Caragana. — Couchage par racines.
Céanothes. — Couchage par incision, avec talon.
Célastre. — Couchage en serpenteaux.
Chèvrefeuille. —   id.
Clématites. —   id.
Coronilles. — Couchage en archet, et par racines.
Deutzies. —. Couchage en archet.
Fontanésies. — Couchage par incision, avec talon.
Fothergille. —   id.
Fusains (esp. à f. cad.). — id.
Glycines. — Couchage en archet.
Grenadiers. —   id.
Groseilliers. — Couchage en serpenteaux,
Hortensia. — Couchage par incision, avec talon.
Hydrangées. —   id.
Jasmins. — Couchage en archet.
Kerria. —   id. et par drageons.
Ketmies. — Couchage par incision, avec talon.
Leycestérie — Couchage en archet.
Lilas. —   id.
Lyciets. —   id.
Millepertuis (esp. à f. cad.). — id. et par drageons.
Mûriers. — Couchage en archet, par cépée, et chinois.
Nerpruns (esp. à f. cad.). — Couchage par incision avec talon.
Noisetiers. — Couchage en archet.
Noyers. — Couchage en archet.
Paviers. —   id.
Poirier du Japon. — Couchage en archet, et chinois.
Pommiers. — Couchage en archet.
Ptéléa. — Couchage par incision, à talon.
Robiniers. — Couchage par racines.
Ronces. — Couchage en archet, et par drageons.
Rosiers. — Couchage par incision, à talon.
Seringats. — Couchage en archet.
Spirées. —   id. et par drageons.
Staphyléa. — Couchage par incision, avec talon.

Sumacs. — Couchage par racines.
Symphorines — Couchage en archet, et par drageons.
Tamarix. — Couchage en archet.
Troènes (esp. à f. cad.). — id.
Tupelo velu. — Couchage par incision, avec talon.
Vigne vierge. — Couchage en serpenteaux.
Viornes (esp. à f. cad.). — Couchage en archet.
Vitex. — Couchage par incision, avec talon.
Xanthorhize. — id.
Xanthoxylum. — id.
Zizyphus. — id.

PRINCIPAUX ARBRES, ARBRISSEAUX ET ARBUSTES D'OR-
NEMENT, A FEUILLES PERSISTANTES, RÉSINEUX, CUL-
TIVÉS EN TERRE DE BRUYÈRE.

Ephédra. — Couchage par incision avec talon.
Genévriers. — id.
Ifs. — id.

PRINCIPAUX ARBRES, ARBRISSEAUX ET ARBUSTES D'OR-
NEMENT, A FEUILLES PERSISTANTES, NON RÉSINEUX,
CULTIVÉS EN TERRE DE BRUYÈRE.

Airelles. — Couchage par incision, avec talon.
Andromèdes. — id.
Arbousiers. — id.
Bruyères. — id.
Daphnés (esp. à f. persist.). — id.
Empetrum. — id.
Fusains (esp. à f. pers.). — id.
Garrya. — id.
Kalmier. — id.
Ledum. — Couchage par incision, avec talon.
Magnoliers (esp. à f. pers.). — id.
Mahonies. — Couchage en archet.
Menziesia. — id.
Myrica. — Couchage par incision, avec talon.
Polygala — id.
Rhododendrons. — id.

PRINCIPAUX ARBRES, ARBRISSEAUX ET ARBUSTES D'OR-
NEMENT A FEUILLES PERSISTANTES, NON RÉSINEUX,
CULTIVÉS EN TERRE FRANCHE.

Aucuba. — Couchage par incision, avec talon.
Buis. — Couchage en archet.
Buplèvres.— Couchage par incision, avec talon.
Cistes. — Couchage en archet:
Cratœgus (esp. à f. pers.). — id.
Filaria. — Couchage par incision, avec talon.
Houx. —   id.
Lauriers (esp. à f. pers.). — id.
Lauriers-roses. —   id.
Lierres. — Couchage en archet.
Millepertuis (esp. à f. pers.). — id. et par drageons.
Néfliers (esp. à f. pers.). — Couchage par incision, avec
talon.
Nerpruns (esp. à f. pers.). — id.
Pruniers (esp. à f. pers.). — id.
Romarin. —   id.
Troénes (esp. à f. pers.). — id.
Viornes (esp. à f. pers.). — id.

Multiplication par le Bouturage.

PRINCIPAUX ARBRES, ARBRISSEAUX ET ARBUSTES D'OR-
NEMENT, A FEUILLES CADUQUES, CULTIVÉS EN TERRE
DE BRUYÈRE.

Itéa. — Bouturage par rameaux et par racines.
Lauriers (esp. à f. caduques). — Bouturage par tronçons de
racines.
Spirées. — Bouturage par tronçons de racines.

PRINCIPAUX ARBRES, ARBRISSEAUX ET ARBUSTES D'OR-
NEMENT, A FEUILLES CADUQUES, CULTIVÉS EN TERRE
FRANCHE.

Amandiers. — Bouturage par tronçons de racines.
Amorpha. — Bouturage par rameaux.

Aralies. — Bouturage par racines.
Aristoloches. — Bouturage par racines.
Baccharide. — Bouturage par rameaux.
Berbéris. —   id.
Bignognes. — Bouturage par rameaux et par racines.
Budléges. — Bouturage par rameaux.
Chèvrefeuilles. — Bouturage par rameaux.
Clématites. — Bouturage par racines.
Coronilles. —   id.
Deutzies. —   id.
Fusains (esp. à f. cad.). —   id.
Grenadiers. —   id.
Groseilliers. —   id.
Hortensia. — Bouturage par rameaux.
Hydrangées. —   id.
Jasmins. —   id.
Kerria. — Bouturage par rameaux et par racines.
Kœlrheutérie. — Bouturage par rameaux.
Leycestéries. —   id.
Lilas. — Bouturage par rameaux et par racines.
Lyciets. — Bouturage par rameaux.
Mûriers. —   id.
Poirier du Japon. — Bouturage par rameaux et par tronçons
   de racines.
Ptéléa. — Bouturage par rameaux.
Robiniers. — Bouturage par tronçons de racines.
Ronces. — Bouturage par rameaux et par racines.
Rosiers. — Bouturage par rameaux et par tronçons de racines.
Seringats. — Bouturage par rameaux.
Sophora. —   id.
Spirées. —   id.
Sureaux. —   id.
Symphorines. —   id.
Tamarix. —   id.
Troènes (esp. à f. cad.).   id.
Vigne vierge. — Bouturage par racines.
Vitex. — Bouturage par rameaux.
Xanthorrhize. — Bouturage par rameaux et par racines.
Xanthoxylum. —   id.

PRINCIPAUX ARBRES, ARBRISSEAUX ET ARBUSTES D'OR-
NEMENT, A FEUILLES PERSISTANTES, RÉSINEUX, CUL-
TIVÉS EN TERRE DE BRUYÈRE.

Genévriers. — Bouturage par rameaux.
Ifs. —   id.

PRINCIPAUX ARBRES, ARBRISSEAUX ET ARBUSTES D'OR-
NEMENT, A FEUILLES PERSISTANTES, NON RÉSINEUX,
CULTIVÉS EN TERRE DE BRUYÈRE.

Andromèdes. — Bouturage par rameaux.
Bruyères. —   id.
Fusains (esp. à f. pers.). — id.
Garrya. —   id.

PRINCIPAUX ARBRES, ARBRISSEAUX ET ARBUSTES D'OR-
NEMENT A FEUILLES PERSISTANTES, NON RÉSINEUX,
CULTIVÉS EN TERRE FRANCHE.

Aucuba. — Bouturage par rameaux.
Buis. —   id.
Cistes —   id.
Lauriers-roses. —   id.
Lierres. —   id.
Millepertuis (esp. à f. persist.) — Bouturage par rameaux.
Pruniers (esp. à f. persist.). —   id.
Romarin. —   id.
Viornes (esp. à f. persist.). —   id.

Multiplication par la Greffe.

PRINCIPAUX ARBRES, ARBRISSEAUX ET ARBUSTES D'OR-
NEMENT, A FEUILLES CADUQUES, CULTIVÉS EN TERRE
DE BRUYÈRE.

Azalées. — Greffe par approche agricola, sur azalée pontique.

Daphnés (esp. à f. cad.). — Greffe en fente Atticus, sur daphné lauréole.

Magnoliers (esp. à f. cad.).— Greffe par approche Agricola, sur magnolier parasol.

PRINCIPAUX ARBRES, ARBRISSEAUX ET ARBUSTES D'OR- NEMENT, A FEUILLES CADUQUES, CULTIVÉS EN TERRE FRANCHE.

Alisiers. — Greffe en écusson Vitry, sur aubépine.
Amandiers. —　　　　id.　　　　sur amandier commun.
Aubépines. —　　　　id.　　　　sur aubépine.
Caragana. — Greffe en fente Atticus, sur caragana com- mun.
Cerisiers. — Greffe en écusson Vitry, sur merisier.
Cytises. — Greffe en fente Atticus, sur cytise faux ébénier.
Genêts. —　　　　　　　id. sur genêt d'Espagne.
Ketmies. — Greffe en écusson de Vitry, sur ketmie.
Lilas. — Greffe en fente Atticus, sur lilas commun.
Merisiers. — Greffe en écusson Vitry, sur merisier commun.
Mûriers. — Greffe en écusson Vitry, herbacée et en flûte- sifflet, sur mûrier blanc.
Néfliers (esp. à f. cad.). — Greffe en écusson Vitry, sur aubépine.
Noyers. — Greffe en flûte Jefferson, et herbacée, sur noyer commun.
Paviers. — Greffe en écusson Vitry, sur marronnier d'Inde.
Péchers. — Greffe en écusson Vitry, sur amandier commun.
Pommiers. —　　　　id.　　　　sur pommier franc.
Pruniers (esp. à f. cad.). — Greffe en écusson et en fente, sur prunier commun.
Robiniers. — Greffe en écusson Vitry, sur faux acacia.
Rosiers. — Greffe en fente Atticus, en écusson Vitry, et Jouette, sur églantier.
Sophora. — Greffe en fente Atticus, sur sophora du Japon.
Sorbiers. — Greffe en écusson Vitry, sur aubépine.
Troènes (esp. à f. cad.). — Greffe en fente Atticus, sur troène commun.

PRINCIPAUX ARBRES, ARBRISSEAUX ET ARBUSTES D'OR- NEMENT, A FEUILLES PERSISTANTES, RÉSINEUX, CUL- TIVÉS EN TERRE DE BRUYÈRE.

Sapins. — Greffe en fente herbacée, sur épicéa.

PRINCIPAUX ARBRES, ARBRISSEAUX ET ARBUSTES D'OR-
NEMENT, A FEUILLES PERSISTANTES, NON RÉSINEUX,
CULTIVÉS EN TERRE DE BRUYÈRE.

Daphnés (esp. à f. persist.). — Greffe en fente Atticus, sur
daphné lauréole.
Magnoliers (esp. à f. persist.) — Greffe par approche Agricola, sur magnoliers à grandes fleurs.
Myrica. — Greffe en écusson Vitry, sur cognassier.
Rhododendron. — Greffe par approche herbacée, sur rhododendron pontique.

PRINCIPAUX ARBRES, ARBRISSEAUX ET ARBUSTES D'OR-
NEMENT, A FEUILLES PERSISTANTES, NON RÉSINEUX,
CULTIVÉS EN TERRE FRANCHE.

Cratœgus (esp. à f. persist.). — Greffe en écusson Vitry,
sur cognassier.
Houx. — Greffe en fente Atticus, et par approche Agricola,
sur houx commun.

Multiplication des principaux Arbres et Arbrisseaux fruitiers.

PAR LE COUCHAGE OU MARCOTTAGE.

Cognassiers. — Couchage par cépée.
Figuiers. — Couchage en archet.
Framboisiers — Couchage par drageons.
Grenadiers. — Couchage en archet, avec incision.
Groseilliers. — Couchage en archet.
Noisetiers. —   id.
Oliviers. — Couchage en archet et par racines.
Orangers. — Couchage par strangulation.
Vignes. — Couchage par incision annulaire.

PAR LE BOUTURAGE.

Cognassiers. — Bouturage par rameaux.

Figuiers. — Bouturage par rameaux.
Grenadiers. — id.
Groseilliers. — id.
Oliviers. — id.
Vignes. — Bouturage par crossette.

PAR LA GREFFE.

Abricotiers. — Greffe en écusson, et si elle ne réussit pas, on la remplace, le printemps suivant, par la greffe en fente anglaise ou par la greffe en couronne perfectionnée; sur *amandier doux à coque dure, prunier de Damas* noir, *prunier cerisette, prunier Saint-Julien, prunier myrobolan, abricotier franc*.

Amandiers. — Greffe en écusson Vitry; sur *amandier doux à coque dure*. — Fournit des sujets moins vigoureux sur *prunier* et sur *abricotier*.

Cerisiers. — Greffe en écusson Vitry, sur *merisier, prunier Sainte-Lucie* et *cerisier franc*.

Châtaigniers. — Greffe en écusson Vitry — en fente anglaise; sur *châtaignier commun*.

Cognassiers. — Greffe en écusson Vitry; sur *cognassier*.

Grenadiers. — Greffe en fente; sur *grenadier à fruits acides*.

Néfliers. — Greffe en fente Palladius ou double — en fente anglaise — en fente Bertemboise — en écusson Vitry — en couronne; sur *aubépine*.

Noyers. — Greffe en flûte Jefferson — en fente herbacée; sur noyer commun.

Oliviers. — Greffe en écusson — en flûte-sifflet — en couronne.

Orangers. — Greffe en écusson Vitry — en écusson Jouette; sur *bigaradier* et *oranger franc*.

Pêchers. — Greffe en écusson Vitry — Descemet — en fente anglaise — en fente double — en fente Bertemboise; sur *amandier doux à coque dure, prunier de Damas, prunier Sainte-Catherine, prunier myrobolan, prunellier, ragouminier, pêcher franc*.

Poiriers. — Greffe en fente anglaise — en fente double — en fente Bertemboise — en écusson Vitry — en couronne; sur poirier franc, et sur cognassier.

Pommiers. — Greffe en fente anglaise — en fente double — en fente Bertemboise — en écusson Vitry — en couronne; sur pommier franc, pommier douçain, pommier paradis.

Pruniers. — Greffe en écusson Vitry — Descemet — en fente anglaise — en fente double — en fente Bertemboise ; sur prunier de Damas, prunier Sainte-Catherine, prunier myrobolan.

Vignes. — Greffe en fente simple — en fente-bouture ; sur vigne.

TABLE DES MATIERES.

FIN DE LA TABLE DES MATIÈRES.

Saint-Denis. — Typographie de A. Moulin.

www.ingramcontent.com/pod-product-compliance
Lightning Source LLC
Chambersburg PA
CBHW071246200326
41521CB00009B/1652